黄河（河南段）鸟类图鉴

李长看　主编

中原农民出版社
·郑州·

图书在版编目（CIP）数据

黄河（河南段）鸟类图鉴 / 李长看主编. — 郑州：
中原农民出版社，2024.3
ISBN 978-7-5542-2943-9

Ⅰ.①黄… Ⅱ.①李… Ⅲ.①鸟类-河南-图集
Ⅳ.①Q959.708-64

中国国家版本馆CIP数据核字（2024）第053467号

黄河（河南段）鸟类图鉴
HUANGHE （HENAN DUAN）NIAOLEI TUJIAN

出 版 人：刘宏伟
策划编辑：段敬杰
责任编辑：侯智颖
责任校对：王艳红
责任印制：孙 瑞
装帧设计：杨 柳

出版发行：中原农民出版社
　　　　　地址：河南自贸试验区郑州片区（郑东）祥盛街27号7层　　邮编：450016
　　　　　电话：0371-65788199（发行部）　0371-65788651（编辑部）
经　　销：全国新华书店
印　　刷：河南瑞之光印刷股份有限公司
开　　本：889mm×1194mm　　1/16
印　　张：36.5
字　　数：1100千字
版　　次：2024年3月第1版
印　　次：2024年3月第1次
定　　价：650.00元

黄河（河南段）鸟类图鉴
HUANGHE (HENAN DUAN) NIAOLEI TUJIAN

本书编委会

主　　编：李长看

副 主 编：邓培渊　袁志良　常勇斌　王保刚　张　玮

编　　委：李　杰　索延星　刘　霞　刘大瑛　王庆合　侯名根
　　　　　李　芳　赵宗英　耿思玉　李梓文　王文博　白瑞霞
　　　　　刘金城　胡焕富　孔庆寒　张艺凡　董瑞龙　李　帅
　　　　　乔春平　袁　伟　张国只　田祥宇　申　晓　安红旗
　　　　　柳家文　李菁钰　李辰亮　李博宇　薛银安　冉占杰
　　　　　宋春静　王雪颖　赵浩辰

摄　　影：李长看　王争亚　杨旭东　李艳霞　蔺艳芳　郭　文
　　　　　王恒瑞　马继山　冯克坚　郭　浩　王文博　赵宗英
　　　　　胡焕富　阎国伟　齐保林　肖书平　宋建超　王　芳
　　　　　吴新亚　李振中　杨双成　赵立功　马　超　乔春平
　　　　　李全民　刘东洋　王金铭　冯光裕　李菁钰　律国建
　　　　　方太命　钟福生　耿思玉　张　岩　赵　勇　朱笑然
　　　　　李辰亮　王建平　王跃中　李玉山　张亚芳　谷国强
　　　　　白瑞霞　熊林春　陈黎明　杜云海　常勇斌　魏　瑾
　　　　　黄　健　肖　昕　郭　杰　梁子安　杜　卿

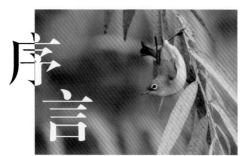

序言

  鸟类是生态系统的重要组成部分，是生态系统的"彩色精灵"，是与人类关系最密切的野生动物之一，在维持生态平衡方面扮演着森林卫士、农田卫士、天气预报员、生态环境质量优劣的指示物种等重要角色，是人类的好朋友。近年来各级政府和各界群众把当地各种鸟类的有无、种群的多少、分布范围大小作为当地生态环境质量改善与否关注的焦点、保护的热点、生态变化的亮点。群众性的观鸟、摄鸟、爱鸟活动方兴未艾，造就了不少"鹅粉""鸥粉""鹮粉"。将公众爱鸟的热情引入"认识鸟类并研究鸟类生活"的科学、文明的轨道上来势在必行。"负责陆生野生动植物资源监督管理，组织开展陆生野生动植物资源调查，拟订及调整国家重点保护的陆生野生动物"等是各级林业主管部门的重要职责之一。为此，河南省林业局支持知名鸟类专家李长看教授，在前人工作的基础上组织人员对河南鸟类资源进行新的系统调查监测，并编纂了此专著，意义重大。

  河南省地处暖温带与亚热带过渡区域，地势西高东低。北、西、南三面，太行山、伏牛山、桐柏山、大别山沿省界呈半环形分布；中东部为黄淮海冲积平原；西南部为南阳盆地。地貌复杂，温湿适宜，孕育了丰富的生物物种资源。黄河湿地以黄河河道为主体，建立了各种类型的自然保护地22处。自然环境良好，水域广阔，滩地多样，鸟类多样性丰富，鸟类监测、保护与研究备受重视。

  最新的研究成果表明，世界鸟类有36目、142科、10 634种。中国分布的鸟类共计1 505种，其中特有种101种。河南省分布有鸟类21目、79科、497种。黄河河南段已知分布鸟类20目、64科、329种，其中国家一级保护鸟类就有青头潜鸭、中华秋沙鸭、大鸨、东方白鹳、黑鹳等 18 种。

世界极危物种——青头潜鸭，全球种群数量约 1 500 只，主要分布在中国，2019 年中国之外的野生个体数量仅约 20 只，中国对于青头潜鸭这一极危物种的存亡起着决定性的作用。值得庆幸的是，2012 年 11 月，李长看教授科研团队首次在郑州黄河湿地雁鸣湖区域监测到 5 只青头潜鸭。在河南省林业局的大力支持下，研究团队积极推动青头潜鸭的监测、研究、保护工作。近年来采取栖息地保护、繁殖地营造、人工辅助繁育等科学措施，民权湿地青头潜鸭的种群数量增长到 280 只，达到该物种全球种群数量的 20％。基于此，国家林业和草原局遴选河南民权黄河故道湿地为国际重要湿地，系河南省唯一。当下，黄河及黄河故道湿地已成为世界极危物种青头潜鸭的诺亚方舟。

李长看教授主编的《黄河（河南段）鸟类图鉴》，是近年来河南省野生鸟类研究、保护的结晶，系践行"黄河流域生态保护和高质量发展"的成果，令人欣喜。它既是河南省域黄河鸟类研究的首部专著，也是黄河流域记录省域黄河鸟类的第一部专著，具有开拓性意义。该图鉴的出版丰富了河南的鸟类研究，更有助于推动河南省自然保护地鸟类的监测、研究、保护与生态文明建设。

河南省林业局党组成员、一级巡视员　朱延林

2022 年 9 月

前言

　　黄河是中国第二大河，是中华文明的主要发源地和重要的生态屏障。黄河流域的生态保护尤其是湿地保护在我国生态文明建设中具有十分重要的地位。黄河湿地类型多样，鸟类资源丰富，系鸟类重要的栖息地、繁殖地、越冬地和中途停歇地，在全球鸟类保护中发挥着重要作用。

　　与长江流域和东部沿海湿地相比，黄河流域湿地及其生物多样性的研究起步较晚、基础薄弱，目前仅有山东黄河三角洲，河南郑州、三门峡等局部区域有研究报道，尚没有涵盖整个黄河流域的系统调查监测及成果，尤其是鸟类本底调查数据甚少，鸟类监测研究相对滞后。亟须建立系统的、开放的黄河流域鸟类及其栖息地监测、研究、保护体系，总结黄河流域鸟类监测、研究及保护成果并发布共享。

　　黄河河南段（34°36′02″N至36°06′47″N，110°22′21″E至116°05′49″E），西起豫陕交界的灵宝市，东至豫鲁交界的台前县，河道总长711 km，流域面积3.62万km²，分别占黄河流域总面积的5.1%，河南省总面积的21.7%。河南段黄河湿地在中国动物地理区划中位于古北界、华北区、黄淮平原亚区（Ⅱa）、黄土高原亚区（Ⅱb）。位于我国3条候鸟迁徙路线的中线，是候鸟迁徙的重要停歇地、繁殖地和觅食地。黄河湿地因独特的地理位置、湿地面积大，成为河南省生物多样性分布的重要区域，具有重要的生态学价值。

　　《黄河（河南段）鸟类图鉴》约计65万字，配图758幅，尽可能涵盖每种鸟的雌与雄、成鸟与亚成鸟，冬羽与繁殖羽等物种鉴别的关键信息。记录该区域鸟类20目、64科、329种，其中国家一级保护鸟类有青头潜鸭、中华秋沙鸭、大鸨、东方白鹳、黑鹳等 18 种，国家二级保护鸟类有大天鹅、灰鹤等 64 种。

该书系作者及河南省鸟类学会会员们在河南省林业厅（局）的支持下，20 余年来对河南段黄河湿地鸟类坚持不懈的调查、监测、研究与保护的具体成果，填补了黄河河南段鸟类研究的空白。该书的出版不仅丰富了河南的鸟类研究，更有助于推动河南省自然保护地鸟类的监测、研究、保护与生态文明建设，进一步推动河南省鸟类研究与保护，助力黄河流域生态保护和高质量发展。

《中华人民共和国黄河保护法》已于 2023 年 4 月 1 日起施行，为黄河流域生态保护与高质量发展保驾护航。生态环境脆弱是黄河流域最大的问题，鸟类受保护水平、关注程度是衡量生态文明建设的重要指标。愿本书能推动更多的人士认识鸟类，增强"爱鸟、护鸟"从我做起、从现在做起的责任感与使命感！

本书编写过程中，黄河沿岸各地市的生态摄影师，如郑州的李艳霞、蔺艳芳、杨旭东，三门峡的郭文，洛阳的王文博、郭浩，新乡的刘东洋，濮阳的马继山等（详见编委页），不仅贡献大量图片，而且对本书的编纂提供了许多建设性的意见。《黄河（河南段）鸟类图鉴》系 2022 年中央财政国家重点保护野生动植物项目"极危物种青头潜鸭生物学习性研究及栖息地保护"、2023 年省级林业草原专项资金支持项目"河南省域黄河湿地鸟类监测及栖息地本底资源调查"与河南省生态环境厅专项"黄河流域（河南段）生物多样性调查与监测"的研究成果之一，SEE 黄河项目中心也始终给予帮助，在此一并致谢！

囿于编著者水平，书中疏漏与不当之处敬请读者指正！

编 者

2023 年 8 月

目 录
CONTENTS

引论

黄河湿地概述

黄河（河南段）鸟类

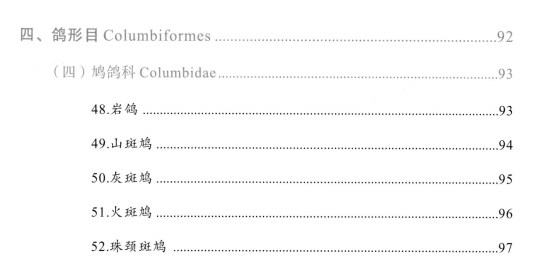

8

主要参考文献

附 录

引 论

一、鸟类的识别

鸟类的识别是从事鸟类学研究的基础，是鸟类群落和鸟类区系调查的必备技能。鸟类识别是指在自然环境中，依据鸟类的形态、大小、翅型、尾型、羽色、行为、鸣叫、足痕、食团、食物残留、粪便及栖息的生境、分布的区域等信息，判断鸟类的生态类群、种类。

鸟类识别能力也是观鸟、赏鸟的基础。只有在长期的野外实践中，多看、多听、多比对，才能熟悉鸟类，掌握各种鸟类的特征，才能迅速准确地辨识鸟类。

（一）鸟类的外部形态

鸟类的形态特征包括大小、体型、喙型、趾型、翅型、尾型、羽色、羽冠等，迅速抓住鸟类的形态特征，是正确识别鸟类的关键。

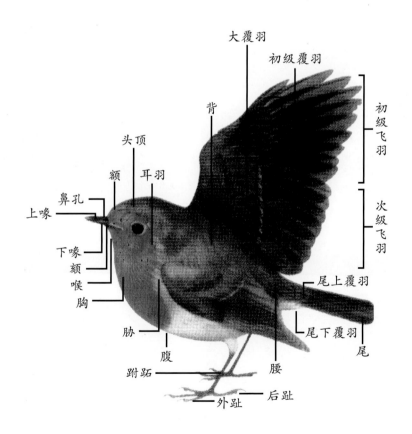

鸟类的外部形态

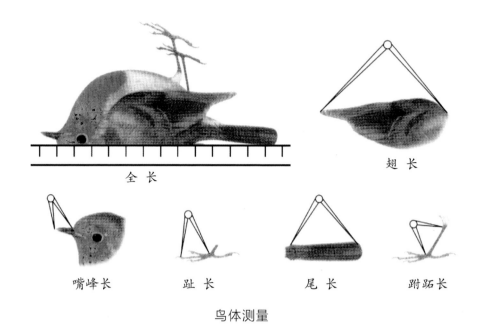

全 长

翅 长

嘴峰长　　　　趾 长　　　　尾 长　　　　跗跖长

鸟体测量

（二）鸟类的体型

　　鸟类身体的大小往往是野外鸟类监测时最先抓住的形态特征。如鹭科常见鸟类大白鹭与白鹭，体型大小就是野外识别的主要因子。

白鹭（左）与大白鹭（右）

（三）鸟类的喙型

　　鸟喙是鸟类取食、撕裂、切碎食物的器官。鸟类的喙型与其食物类型高度相关。涉禽类的喙细长，善于在浅水或泥沙中觅食；游禽类的喙扁平，喙缘具栉板，利于水中滤食；猛禽类的喙尖锐而钩曲，适合撕裂动物性食物；食种子鸟类的喙粗短而具切缘，利于切割、压碎食物；啄木鸟的喙强直呈凿状，适于凿树捉虫。鸟喙在形态结构及功能上，因食性差异而产生显著的适应性变化。鸟类喙型是鸟类生态类群的重要鉴别特征。

疣鼻天鹅（游禽类）

苍鹭（涉禽类）

红隼（猛禽类）

灰头绿啄木鸟（攀禽类）

红腹锦鸡（陆禽类）

煤山雀（鸣禽类）

鸟类的喙型

（四）鸟类的趾型

　　鸟类因生活方式不同，鸟趾与鸟爪的形态各异。一些近缘种由于生活习性相似，在爪的结构上显示趋同性。如猛禽需要抓捕、撕裂食物，具有锐利的钩爪；鹑鸡类（陆禽类）需要行走、挖土觅食，具有钝而有力的爪等。

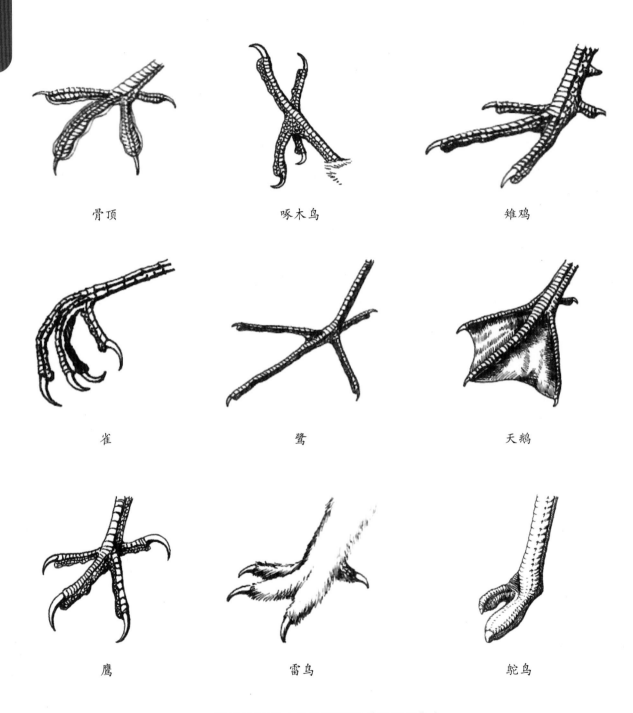

骨顶　　　　　　　　啄木鸟　　　　　　　　雉鸡

雀　　　　　　　　鹭　　　　　　　　天鹅

鹰　　　　　　　　雷鸟　　　　　　　　鸵鸟

鸟类的趾型（出自郑光美《鸟类学》）

（五）鸟类的尾型

鸟类的尾羽在飞行时发挥着平衡和方向舵的作用，降落时起到减速、刹车的作用。因鸟类生活习性、飞翔特性不同，尾羽的形态丰富多样，是鸟类分类的重要依据。尾型大致可分为平尾、凸尾、凹尾、楔尾、圆尾、叉尾、铗尾、尖尾等。

平尾（苍鹭）

凸尾（红尾伯劳）

楔尾（灰头绿啄木鸟）

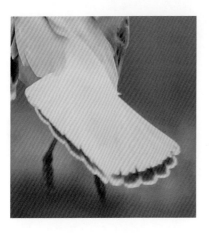
圆尾（红嘴鸥）

叉尾（黑卷尾）

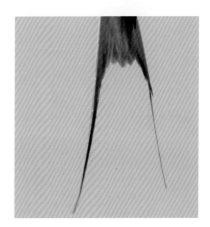
铗尾（普通燕鸥）

鸟类的尾型

（六）鸟类的羽色

鸟类色彩斑斓的羽毛在脊椎动物中极为突出，这也是鸟种、雌雄、成幼识别的重要特征。

黑色（大嘴乌鸦）

白色（大天鹅）

鹊色（黑白色）（鹊鸲）

多色彩（鸳鸯）

红色+金色（红腹锦鸡）

蓝色（蓝翡翠）

鸟类的羽色

二、鸟类的生态类群

如果按照系统分类的方法去认识鸟类，可谓大海捞针，极具难度。而若从生态类群的角度入手，则简便而有效。当你在野外看到一只鸟时，不一定能叫出它的名字，更难以判断其分类地位（目、科、属），但通过观察、比较，就可以确定它们所属的生态类群，再借助图鉴、请教专家，就可以鉴定其鸟种了。

鸟类可分为 8 个生态类群，其中平胸总目 1 个（鸵鸟类）、企鹅总目 1 个（企鹅类）、突胸总目 6 个（游禽类、涉禽类、猛禽类、攀禽类、陆禽类和鸣禽类），鸵鸟类和企鹅类中国无自然分布。

游禽类

识别特征：翼发达，足具蹼，善于游泳、潜水、迁飞。常在水上漂浮，在水中觅食，绒羽厚密，尾脂腺发达，预防羽毛被水浸湿。喙型或扁或尖，适于在水中滤食或啄鱼。

代表目：鹈形目、雁形目、䴙䴘目等。

代表种：大天鹅、青头潜鸭、凤头䴙䴘等。

中华秋沙鸭 （李长看 摄）

青头潜鸭 （李长看 摄）

涉禽类

识别特征：通常具有喙长、颈长、后肢（腿、脚）长的特点，趾间蹼膜退化，大都不善游泳，常站立在浅水中捕食和活动，适于涉水生活。

代表目：鹳形目、鹤形目、鸻形目等。

代表种：东方白鹳、苍鹭、黑翅长脚鹬等。

苍鹭 （李长看 摄）

黑翅长脚鹬 （李长看 摄）

猛禽类

识别特征：喙和爪粗壮锐利、带钩，视觉器官发达，具有较强的飞行能力，适于抓捕猎物，多以捕食动物为生。

代表目：隼形目、鹰形目、鸮形目等。

代表种：红隼、普通鵟 、长耳鸮等。

长耳鸮 （李长看 摄）

纵纹腹小鸮 （杨旭东 摄）

攀禽类

识别特征：趾为对趾型、并趾型、前趾型，适于在岩壁、树干、土壁等处攀缘生活，绝大多数为森林益鸟。

代表目：鹦形目、夜鹰目、犀鸟目、佛法僧目、啄木鸟目。

代表种：绯胸鹦鹉、普通夜鹰、戴胜、灰头绿啄木鸟。

戴胜 （李艳霞 摄）

棕腹啄木鸟 （李长看 摄）

陆禽类

识别特征：通常后肢健壮，翅短圆，不善飞翔，适于在地面行走。喙强壮，多为弓形，适于在地面啄食。

代表目：鸡形目、鸽形目等。

代表种：红腹锦鸡、珠颈斑鸠等。

红腹锦鸡 （李艳霞 摄）

珠颈斑鸠 （李长看 摄）

鸣禽类

识别特征：足为离趾型，巧于营巢；鸣肌和鸣管发达，善于鸣啭。繁殖行为复杂多变；雏鸟多晚成性，需在巢中由亲鸟哺育才能正常发育。

代表目：雀形目。

代表种：麻雀、喜鹊、东方大苇莺等。

东方大苇莺 （李长看 摄）

云雀 （李长看 摄）

鸵鸟类

识别特征：翼退化，体表分无羽区和裸区，羽支不具羽小钩，不形成羽片；胸骨不具龙骨突起，无飞翔能力。不具尾综骨及尾脂腺，后肢粗大，适于奔走。雄鸟具发达的交配器。

代表目：鸵形目、美洲鸵鸟目等。

代表种：非洲鸵鸟、鸸鹋等。

非洲鸵鸟 （李艳霞 摄）

企鹅类

识别特征：前肢呈鳍状，后肢短，置于躯体后方，足具4趾，前3趾间具蹼，游泳迅速。羽毛呈鳞片状，密接体表，呈覆瓦状排列，不具飞翔能力。皮下脂肪发达，有利于保持体温。龙骨突发达，适于划水。

代表目：企鹅目。

代表种：王企鹅、帝企鹅、阿德利企鹅等。

王企鹅 （杨旭东 摄）

跳岩企鹅 （杨旭东 摄）

三、鸟类的居留类型

鸟类的迁徙是对环境条件改变的一种积极的适应本能，是每年在繁殖区与越冬区之间的周期性的迁居行为。根据鸟类是否迁徙和迁徙习性的不同，鸟类可分为留鸟和候鸟。根据候鸟在某一地区的旅居情况，又可以分为夏候鸟、冬候鸟和旅鸟。

留鸟：终年留居在出生地，不进行迁徙的鸟。如麻雀、喜鹊等。

候鸟：每年随季节不同在繁殖区与越冬区之间进行迁徙的鸟。分为夏候鸟、冬候鸟和旅鸟。

夏候鸟：夏季在某一地区繁殖，秋季离开到南方较温暖的地区越冬，第二年春天又返回这一地区繁殖的候鸟，就该地区而言，称夏候鸟。例如，家燕、大杜鹃等为河南地区的夏候鸟。

冬候鸟：在某一地区越冬，第二年春季飞往北方繁殖，至秋季又飞回这一地区越冬的候鸟，就该地区而言，称冬候鸟。例如，大天鹅、绿头鸭等为河南地区的冬候鸟。

旅鸟：候鸟迁徙时，仅在春秋季节迁徙途中经过本地，不在此地区繁殖或越冬的鸟。例如，小天鹅、白额雁等为河南地区的旅鸟。

迷鸟：因受气候或伤病等非人为因素影响脱离迁徙种群、迷失方向意外来到某地的鸟。例如，斑头雁、雪雁、白颊黑雁等为河南地区的迷鸟。

四、鸟类的分类阶元

鸟类属于动物界脊索动物门脊椎动物亚门鸟纲。全世界已知现存的鸟类有10 634种，分为3个总目、36目、142科。我国有26目、115科、1 505种，其中中国特有鸟类101种。根据是否具有与飞行相适应的身体结构，鸟纲分为平胸总目、企鹅总目、突胸总目。中国自然分布的鸟类全部属于突胸总目，以青头潜鸭分类地位为例加以说明。

分类阶元：

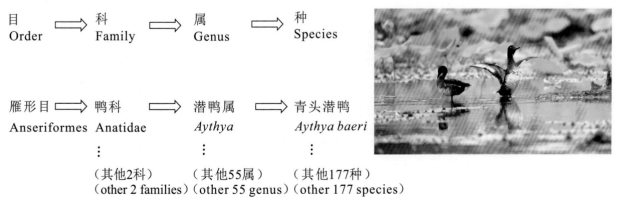

目　　　　　科　　　　　属　　　　　种
Order　　　⟹　Family　⟹　Genus　⟹　Species

雁形目⟹　鸭科　　　⟹　潜鸭属　⟹　青头潜鸭
Anseriformes　Anatidae　　*Aythya*　　*Aythya baeri*
　　　　　　　⋮　　　　　⋮　　　　　⋮
　　　　　（其他2科）　（其他55属）　（其他177种）
　　　　（other 2 families）（other 55 genus）（other 177 species）

五、中国动物地理区划

　　动物区系是指在一定历史条件下，由于地理隔离和分布区特性所形成的动物类群总体。在不同的地理环境中，经过长期独立演化，不同大陆都形成了独特的生物区系。世界陆地动物区系可划分为六个界，即澳洲界、新热带界、埃塞俄比亚界（热带界）、东洋界、古北界和新北界。

　　中国陆地动物分属于古北界和东洋界两大区系（详见中国动物地理区划表）。

中国动物地理区划表

界	区	亚区	自然区划
古北界	东北区	大兴安岭亚区	针叶林地带
		长白山亚区	针叶与落叶阔叶混交林地带
		松辽平原亚区	森林草原、草甸草原地带
	华北区	黄淮平原亚区	落叶阔叶与森林草原地带
		黄土高原亚区	
	蒙新区	东部草原亚区	干草原地带
		西部荒漠亚区	荒漠与半荒漠地带
		天山山地亚区	山地森林、森林草原地带
	青藏区	羌塘高原亚区	草甸草原、草甸与高寒荒漠地带
		青海藏南亚区	森林、草甸与草甸草原地带
东洋界	西南区	西南山地亚区	山地草甸与山地森林地带
		喜马拉雅亚区	
	华中区	东部丘陵平原亚区	东部落叶阔叶常绿阔叶混交林及常绿阔叶林地带
		西部山地高原亚区	
	华南区	闽广沿海亚区	南亚热带常绿阔叶林及东部热带季雨林地带
		滇南山地亚区	西部热带季雨林地带
		海南岛亚区	热带季雨林地带
		台湾亚区	热带雨林及山地南、中亚热带常绿阔叶林地带
		南海诸岛亚区	海洋性热带岛屿森林地带

　　河南省域黄河动物地理区划属于古北界的黄土高原亚区（黄河中游）、黄淮平原亚区（黄河下游）。

黄河湿地概述

一、黄河概述

黄河，是中国第二大河流，全长约5 464 km，发源于青藏高原巴颜喀拉山北麓的约古宗列盆地，自西向东分别流经青海、四川、甘肃、宁夏、内蒙古、陕西、山西、河南及山东9个省（自治区），最后流入渤海。流域总面积79.5万km²（含内流区面积4.2万km²）。流域冬长夏短，冬夏温差悬殊，季节气温变化分明。

根据流域形成发育的地理、地质条件及水文情况，黄河干流河道可分为上、中、下游。

上游：黄河源至内蒙古自治区托克托县的河口镇为上游。河道长3 471.6 km，流域面积42.8万km²，占全河流域面积的53.8%。

中游：黄河自河口镇至河南郑州市的桃花峪为中游。河道长1 206.4 km，流域面积34.4万km²，占全流域面积的43.3%。

黄河自河口镇急转南下，直至禹门口，飞流直下725 km，滚滚黄流，奔腾不息，将黄土高原分割两半，形成晋陕峡谷。

下游：黄河桃花峪至入海口为下游。河道长785.6 km，流域面积2.3万km²，仅占全流域面积的2.9%。河流中段流经黄土高原地区，因此夹带了大量的泥沙，所以它也被称为世界上含沙量最多的河流。下游河道横贯华北平原，由于大量泥沙淤积，流速平缓，形成世界上著名的"地上悬河"，成为淮河、海河水系的分水岭。

黄河是中华文明最主要的发源地，为中华民族的"母亲河"。我们勤劳勇敢的祖先就在这块广阔的土地上繁衍生息，创造了灿烂夺目的古代文化。

在党和政府的坚强领导下，黄河治理取得了巨大成就。从毛泽东主席号召"一定要把黄河

黄河湿地鸟类

的事情办好"，到习近平主席提出的"黄河流域生态保护和高质量发展战略"，一脉相承，为世界大河治理与保护提供了成功典范。着力强化水患治理，兴建一批骨干水利枢纽；开展黄河调水调沙，实现干流20余年不断流；流域生态系统逐步修复，生物多样性日益丰富。

二、河南域内黄河湿地基本情况

黄河自陕西潼关进入河南省，西起灵宝市，东至台前县，流经三门峡、洛阳、济源、郑州、焦作、新乡、开封、濮阳等8个省辖市28个县（市、区），河道总长711 km，流域面积3.62万 km²，分别占黄河流域总面积的5.1%、河南省总面积的21.7%；其保护和受益地区涉及河南省13个省辖市105个县（市、区），面积达9.6万 km²，占全省面积的57%。

由于河南域内黄河地处山区向平原的过渡河段，地理位置特殊，河道形态复杂，具有不同于其他江河和黄河其他河段的突出特点。

河南域内黄河湿地在中国动物地理区划中位于古北界华北区黄淮平原亚区（Ⅱa）、黄土高原亚区（Ⅱb）。位于我国3条候鸟迁徙路线的中线东部，是重要的候鸟越冬地和停歇地，每年都有大量冬候鸟在此地越冬或迁徙经过。河南域内黄河湿地系典型的河流湿地，含有河

黄河湿地

流、水库、坑塘、沙洲、滩涂、灌丛、草甸等各种湿地类型。区内维管束植物较多，植物适生面广；水生藻类等植物资源贫乏，但分布广泛；周边农田广袤，农作物品种丰富；生境的多样性和丰富的野生动植物资源，为鸟类提供了良好的栖息、觅食环境。

　　黄河（河南段）湿地因独特的地理位置、湿地面积大，成为河南省生物多样性分布的重要区域。湿地生态系统类型多样，生物多样性丰富，是候鸟迁徙的重要停歇地、繁殖地和觅食地区，具有重要的生态学价值。

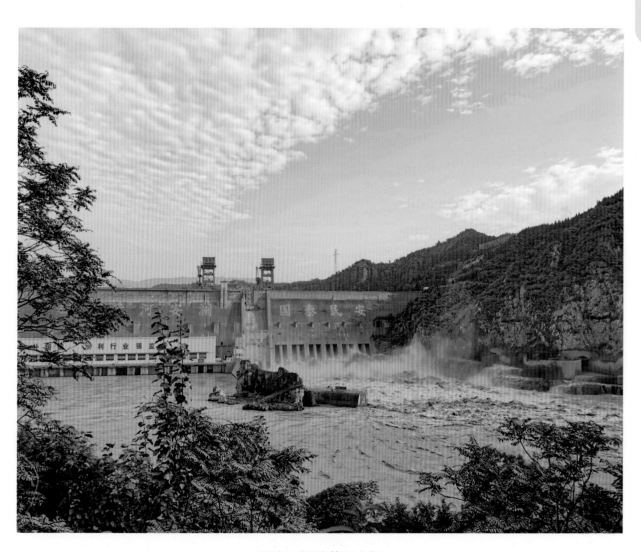

河南三门峡黄河大坝

三、河南域内黄河湿地自然保护地情况

　　黄河是中华民族的母亲河，孕育了河南五千年文明。河南省处于黄河流域的中下游的关键区位，更要站在人与自然和谐共生的高度进行谋划，牢固树立和践行绿水青山就是金山银山的理念，坚持山水林田湖草沙一体化保护和系统治理的方法，因地而异建立起各种类型的自然保护地（见河南黄河自然保护地名录），从生产方式和生活方式绿色转型、环境污染防治、生态系统和生物多样性保护、草原森林湿地休养生息、防治外来物种侵害等方面着手，推动绿色发展，促进人与自然和谐共生。

河南黄河自然保护地名录

序号	名称	批建时间	湿地保护类型	涉及行政区
1	河南黄河湿地国家级自然保护区	2003.06	自然保护区	灵宝、陕州、湖滨、渑池、新安、孟津、吉利、济源、孟州
2	河南新乡黄河湿地鸟类国家级自然保护区	1996.11	自然保护区	封丘、长垣
3	郑州黄河湿地省级自然保护区	2004.12	自然保护区	巩义、荥阳、惠济、金水、中牟
4	开封柳园口省级黄河湿地自然保护区	1994.06	自然保护区	龙亭、祥符、兰考
5	濮阳黄河湿地省级自然保护区	2007.11	自然保护区	濮阳
6	河南郑州黄河国家湿地公园	2008.12	湿地公园	惠济
7	三门峡市天鹅湖国家城市湿地公园	2007.02	湿地公园	陕州、湖滨
8	武陟嘉应观黄河省级湿地公园	2015.12	湿地公园	武陟
9	博浪沙省级森林公园	2002.05	森林公园	原阳
10	黄河三门峡水库地表水饮用水源保护区	2016.03	水源保护区	陕州、湖滨
11	黄河槐扒地表水饮用水源保护区	2016.03	水源保护区	渑池
12	黄河王村地表水饮用水源保护区	2016.03	水源保护区	荥阳
13	黄河邙山地表水饮用水源保护区	2016.03	水源保护区	荥阳、惠济、武陟、原阳
14	黄河花园口地表水饮用水源保护区	2016.03	水源保护区	荥阳、惠济、武陟、原阳
15	黄河黑岗口地表水饮用水源保护区	2016.03	水源保护区	龙亭
16	黄河原阳中岳地表水饮用水源保护区	2016.03	水源保护区	原阳
17	西水坡地表水饮用水源保护区	2016.03	水源保护区	濮阳

序号	名称	批建时间	湿地保护类型	涉及行政区
18	中原油田彭楼地表水饮用水源保护区	2016.03	水源保护区	濮阳、范县
19	郑州黄河风景名胜区	2009.12	风景名胜区	荥阳、惠济
20	黄河中游禹门口至三门峡段国家级水产种质资源保护区	2011.12	水产种质资源保护区	灵宝、陕州、湖滨
21	黄河郑州段黄河鲤国家级水产种质资源保护区	2007.12	水产种质资源保护区	巩义、荥阳、惠济、金水、中牟
22	黄河鲁豫交界段国家级水产种质资源保护区	2014.02	水产种质资源保护区	长垣、濮阳、范县、台前

四、黄河湿地鸟类资源

　　黄河湿地生境的多样性和丰富的野生动植物资源，为鸟类提供了良好的栖息、觅食环境。河南域内黄河湿地分布有 20 目、64 科、329 种鸟类。其中国家一级保护的鸟类有青头潜鸭（*Aythya baeri*）、中华秋沙鸭（*Mergus squamatus*）、大鸨（*Otis tarda*）、黑鹳（*Ciconia nigra*）、东方白鹳（*Ciconia boyciana*）、卷羽鹈鹕（*Pelecanus crispus*）等 18 种，灰鹤（*Grus grus*）、大天鹅（*Cygnus cygnus*）、小天鹅（*Cygnus columbianus*）、黑翅鸢（*Elanus caeruleus*）、纵纹腹小鸮（*Athene noctua*）、震旦鸦雀（*Paradoxornis heudei*）等国家二级保护的鸟类 64 种。其余野生鸟类均列入我国野生动物保护法中"有重要生态、科学、社会价值"（简称"三有"）的陆生野生动物名录。

黄河湿地鸟类

五、黄河湿地旗舰物种——青头潜鸭

　　青头潜鸭，曾广泛分布于东亚，因数量急剧下降，1994 年被世界自然保护联盟列入易危物种，2008 年升格为濒危物种， 2013 年它被列入世界自然保护联盟濒危物种红色名录 ver 3.1——极危物种。

　　世界极危鸟类青头潜鸭全球约 1 500 只，主要分布在中国。近几年，在传统越冬地孟加拉国、缅甸、泰国都没有监测到较大的越冬青头潜鸭种群。2019 年，青头潜鸭在中国之外的野生个体数量仅约 20 只。中国对于青头潜鸭这一极危物种的存亡起着决定性的作用。

　　2012 年 11 月，黄河湿地中牟段首次监测到青头潜鸭。十余年来，持续的监测、保护，目前已形成较为稳定的繁殖种群， 2023 年同步调查河南黄河湿地青头潜鸭种群数量为 320 只，系全球青头潜鸭最主要的栖息地、繁殖地之一。在河南省林业局的支持下，研究团队积极推动青头潜鸭的监测、研究、保护工作，勠力打造青头潜鸭的重要繁育基地。

幼鸟 ▶

▼ 成鸟（左雌右雄）

青头潜鸭 （李长看　摄）

黄河（河南段）鸟类

一、鸡形目 Galliformes

陆禽。通常把体型较大的种统称为"鸡"，体型较小的种称为"鹑"。体结实，喙短，呈圆锥形，适于啄食植物种子；翼短圆，不善远飞；腿、脚强健，爪钝，善于行走和掘地寻食；有的跗跖后缘具距。多雌雄异色，雄鸟具大的肉冠和美丽的羽毛。一雄多雌，雄鸟有复杂的求偶炫耀行为，多筑地面巢，雏鸟早成性。

世界性分布，大多为留鸟。包括 6 科、83 属、302 种。中国已记录 2 科、63 种，特有种 19 种，是世界上雉类资源最丰富的国家，堪称"雉鸡王国"。黄河（河南段）湿地分布有 1 科、4 种。

红腹锦鸡（左雌右雄）　　（蔺艳芳　摄）

（一）雉科 Phasianidae

1. 石鸡

中文名称	石鸡
拉丁学名	*Alectoris chukar*
英文名称	Chukar Partridge
分类地位	鸡形目雉科
保护级别	三有

形态特征 体型中等，体长34～38 cm。雌雄同色，雌鸟色淡。眼的上方有一条宽宽的白纹。围绕头侧和黄棕色的喉部有完整的黑色环带。上体紫棕褐色，胸部灰色，腹部棕黄色，两胁各具十余条黑、栗色并列的横斑。中央尾羽棕灰色，其余尾羽栗色。虹膜：栗褐色；喙：红色；脚：红色。

生活习性 主要栖息于低山丘陵、农田和低矮草地。性善隐匿，多成小群活动。主要吃杂草种子、谷物、浆果、嫩叶和嫩芽等，夏季也捕食昆虫。因常久鸣不休，音似"嘎嘎"而得名"嘎嘎鸡"。

黄河湿地监测及分析 黄河中游湿地有零星分布，为留鸟。

石鸡 （王海 摄）

石鸡 （王争亚 摄）

中文名称　鹌鹑
拉丁学名　*Coturnix japonica*
英文名称　Japanese Quail
分类地位　鸡形目雉科
保护级别　三有

形态特征　体型小，长 20 cm。上体褐色，具黑色横斑及皮黄色矛状长条纹，下体皮黄色，胸及两肋具黑色条纹。头具条纹，眉纹灰白色。非繁殖期雌雄同色；繁殖期雄鸟脸、喉及上胸栗色。虹膜：红褐色；喙：灰色；脚：肉棕色。

生活习性　主要栖息于近水山地、农田和低矮草地。性善隐匿，多成小群活动。主要吃杂草种子、谷物、浆果、嫩叶和嫩芽等，夏季也捕食昆虫及无脊椎动物。

黄河湿地监测及分析　黄河中游湿地分布广、种群小，为冬候鸟或留鸟。

◀ 雌鸟繁殖羽

▼ 雄鸟繁殖羽

鹌鹑　（杨旭东　摄）

3. 环颈雉

中文名称	环颈雉
拉丁学名	*Phasianus colchicus*
英文名称	Common Pheasant
分类地位	鸡形目雉科
保护级别	三有

形态特征 体长 50～86 cm。雌雄异色。雄鸟羽色华丽，颈部紫绿色具金属光泽，并有白色颈环，尾羽长且具黑色横斑；雌鸟羽色暗淡，尾羽较短。虹膜：黄色；喙：角质灰色；脚：灰色。

生活习性 主要栖息于丘陵，山区灌丛、草丛，依山的庄稼地，江河湖边的芦苇丛等，食植物种子、果实、嫩叶，亦食昆虫等。

黄河湿地监测及分析 黄河湿地分布广泛，种群较大，为留鸟。

环颈雉雌鸟 （李长看 摄）▶

▲ 环颈雉雄鸟 （马继山 摄）

4. 红 腹 锦 鸡

中文名称　红腹锦鸡
拉丁学名　*Chrysolophus pictus*
英文名称　Golden Pheasant
分类地位　鸡形目雉科
保护级别　国家二级保护

形态特征　鸡类，雌雄异色。雄鸡体长 100 cm；金黄色，下体通红；头上具金黄色丝状羽冠，极为美丽。雌鸟体长 60 cm；羽色暗淡，尾羽较短。虹膜：黄色；喙：黄绿色；脚：黄色。

生活习性　单独或成小群活动，喜有矮树的山坡、灌丛及阔叶林。栖息于海拔 600～1 800 m 的多岩山坡，活动于竹灌丛地带。杂食性，主要以蕨类、草籽及小麦、大豆等农作物为食，兼食昆虫等。

黄河湿地监测及分析　黄河中游湿地有小种群分布，为留鸟。

红腹锦鸡（左雌右雄）　（李艳霞　摄）

红腹锦鸡雄鸟 （李艳霞 摄）

红腹锦鸡雌鸟 （李艳霞 摄）

二、雁形目 Anseriformes

游禽。喙扁平似鸭，先端有"嘴甲"，喙缘具栉板以滤食；前3趾间具蹼，后趾退化，较前趾位高；翅部有绿色、紫色、白色翼镜；雄鸟具交配器官。雌雄同色或异色。筑地面巢或洞巢，雏鸟早成性。

世界性分布，繁殖于北半球，南迁越冬。包括3科、56属、178种。中国分布有1科、23属、54种，黄河（河南段）湿地分布有39种。

青头潜鸭（左雌右雄）　（李长看　摄）

（二）鸭科 Anatidae

5. 鸿 雁

中文名称　鸿雁
拉丁学名　*Anser cygnoides*
英文名称　Swan Goose
分类地位　雁形目鸭科
保护级别　国家二级保护

形态特征　体长 88 cm，体大颈长。上体灰褐色但羽缘皮黄色；喙黑色且长，与前额成一直线，喙基环绕一道狭窄白带，亚成鸟上喙基部无白带；飞羽黑色；臀部近白色。虹膜：褐色；脚：深橘黄色。

生活习性　主要栖息于江河、湖泊及附近农田地区。主食植物性食物，兼食动物性食物。喜群居，飞行时做典型雁叫，为升调的拖长音。

黄河湿地监测及分析　黄河湿地有零星的小种群分布，为冬候鸟。

◀ 鸿雁亚成鸟　（胡焕富　摄）

▲ 鸿雁　（李辰亮　摄）

6. 豆雁

中文名称	豆雁
拉丁学名	*Anser fabalis*
英文名称	Bean Goose
分类地位	雁形目鸭科
保护级别	三有

形态特征　大型雁类，体长69～80 cm，体重约3 kg。上体灰褐色或棕褐色，下体污白色；喙黑褐色、具橘黄色带斑，得名"豆雁"。虹膜：褐色；脚：橙黄色；爪：黑色。

生活习性　主要栖息于开阔的平原草地、沼泽、水库、江河、湖泊及沿海海岸和附近农田地区。飞行时双翼拍打用力，振翅频率高。喜群居，飞行时排成"一"字形、"人"字形等队列。以植物性食物为主，吃果实与种子，兼食动物性食物。

黄河湿地监测及分析　黄河湿地常有千只以上较大种群分布，系该区域主要越冬鸟类。

豆雁　（李长看　摄）

豆雁 （胡焕富 摄）

豆雁 （阎国伟 摄）

7. 灰雁

中文名称	灰雁
拉丁学名	*Anser anser*
英文名称	Graylag Goose
分类地位	雁形目鸭科
保护级别	三有

形态特征　体长 70～90 cm，体大而肥胖，灰褐色。粉红色的喙和脚为本种特征。上体灰褐色，下体污白色，飞行时双翼拍打用力，振翅频率高。虹膜：褐色；喙：粉红色；脚：粉红色。

生活习性　喜群居，飞行时排成有序的队列，有"一"字形、"人"字形等。主要栖息在不同生境的淡水中，主食植物的根、茎、叶、嫩芽、果实和种子等，兼食螺、虾、昆虫等小型动物。

黄河湿地监测及分析　黄河湿地有小种群分布，多与豆雁混群，为旅鸟或冬候鸟。

灰雁　（蔺艳芳　摄）

灰雁 （王恒瑞 摄）

8. 白 额 雁

中文名称	白额雁
拉丁学名	*Anser albifrons*
英文名称	White-fronted Goose
分类地位	雁形目鸭科
保护级别	国家二级保护

形态特征 体长70～85 cm。颈短。粉红色的喙，白色斑块环绕喙基，亚成鸟无白斑；头、颈和背部羽毛棕黑色，羽缘灰白色。胸、腹部棕灰色，黑斑不规则分布。虹膜：褐色；喙：粉红色；腿：橘黄色。

生活习性 集群活动，晨昏活动频繁，在滩涂上觅食，可从水面迅速起飞。以植物的根、茎、叶为食，也取食农作物幼苗等。

黄河湿地监测及分析 黄河湿地有小种群分布，多与豆雁混群，为旅鸟或冬候鸟。

白额雁 （李辰亮 摄）

▲ 小白额雁 （李长看 摄）

▲ 小白额雁 （郭文 摄）

9. 小 白 额 雁

中文名称　小白额雁
拉丁学名　*Anser erythropus*
英文名称　Lesser White-fronted Goose
分类地位　雁形目鸭科
保护级别　国家二级保护

形态特征　体长62 cm，中等体型，灰色。喙较短，因环喙基有显著白斑延伸至额部而得名。眼圈黄色。腹部具近黑色斑块。飞行时两翼显长且振翅较快。虹膜：深褐色；喙：粉红色；脚：橘黄色。

生活习性　主要繁殖于北极苔原，栖息于开阔地带，以及山区的缓坡和湖泊。中国境内于东部的疏树草原及农田越冬。

黄河湿地监测及分析　黄河湿地罕见，为旅鸟。

中文名称	斑头雁
拉丁学名	*Anser indicus*
英文名称	Bar-headed Goose
分类地位	雁形目鸭科
保护级别	三有

形态特征　体长 70 cm。因头顶白色，头后有两道黑色条纹而得名。喉部白色延伸至颈侧。亚成鸟头部黑色图案为浅灰色。飞行中上体均为浅色，仅翼部狭窄的后缘色暗；下体多为白色。虹膜：褐色；喙：黄色，尖端黑色；脚：橙黄色。

生活习性　高原鸟类，集群生活，性谨慎。迁徙时多为数十只排成"人"字形飞行，飞行中常常鸣叫。主要采食植物的茎、叶、种子，兼食小型无脊椎动物。

黄河湿地监测及分析　黄河湿地三门峡、洛阳段有记录，为迷鸟。

斑头雁　（李长看　摄）

斑头雁 （李长看　摄）

斑头雁 （冯克坚　摄）

11. 雪 雁

中文名称　雪雁
拉丁学名　*Anser caerulescens*
英文名称　Snow Goose
分类地位　雁形目鸭科
保护级别　三有

形态特征　体长 80 cm。通体白色，初级飞羽黑色。亚成鸟头顶、颈背及上体近灰。虹膜：暗褐色；喙：赤红色；脚：粉色。

生活习性　性谨慎，喜结群，从数只至几千只不等。通常与豆雁、灰雁等混群。植食性，主要采食植物的根、茎或玉米种子、杂草等。

黄河湿地监测及分析　黄河湿地罕见，洛阳与郑州有监测记录，为迷鸟。

雪雁　（颜军　摄）

12. 白 颊 黑 雁

中文名称　白颊黑雁
拉丁学名　*Branta leucopsis*
英文名称　Barnacle Goose
分类地位　雁形目鸭科
保护级别　三有

形态特征　体长 58 ～ 71 cm。脸白色，头部、颈部和上胸部位黑色；翅膀和背部银灰色，有黑白条纹；体羽灰色，腹部白色。飞行中尾部白色的"V"形显著，翅膀下面银灰色。虹膜：暗褐色；喙：黑色；脚：黑色。

生活习性　善于游泳和潜水，飞行快速。植食性，以植物的茎、叶、种子为食，冬季亦采食小麦等农作物。

黄河湿地监测及分析　黄河湿地罕见，洛阳、郑州、新乡段有记录，为迷鸟。

白颊黑雁　（郭浩　摄）

红胸黑雁 （郭浩 摄）

13. 红 胸 黑 雁

中文名称	红胸黑雁
拉丁学名	*Branta ruficollis*
英文名称	Red-breasted Goose
分类地位	雁形目鸭科
保护级别	国家二级保护

形态特征　体长 53～56 cm。颈粗短，头圆喙短，喙基白斑显著。体羽黑白，胸、前颈及头侧具红色斑块。飞行时体小而颈短，极黑的体羽与臀部的白色反差强烈。虹膜：褐色；喙：黑色；脚：黑色。

生活习性　喜欢结群，善于游泳和潜水。飞翔速度很快，从水面上起飞时，不停地鸣叫。主要取食禾本科、莎草科和一些水生植物的茎、叶等。

黄河湿地监测及分析　黄河湿地罕见，洛阳、郑州、新乡段有记录，为迷鸟。

14. 疣鼻天鹅

中文名称　疣鼻天鹅
拉丁学名　*Cygnus olor*
英文名称　Mute Swan
分类地位　雁形目鸭科
保护级别　国家二级保护

形态特征　体长 125～150 cm，白色。喙橘黄色，又名赤嘴天鹅；因前额基部黑色疣突显著而得名疣鼻天鹅；雄鸟疣突更凸显，亚成鸟喙色暗且几无疣突。游水时颈部呈优雅的"S"形，两翼常高拱。虹膜：褐色；脚：黑色。

生活习性　常成对或呈家族群活动，有时亦集成大群，特别是冬季和换羽期间。性机警，视力强。以水生植物为主要食物，采食水草的根、茎、叶、芽及种子等，偶食软体动物、昆虫及小鱼。

黄河湿地监测及分析　有小种群分布于黄河三门峡段和郑州段湿地，为冬候鸟或留鸟。

疣鼻天鹅（左雄右雌）　（李长看　摄）

15. 小 天 鹅

中文名称　小天鹅
拉丁学名　*Cygnus columbianus*
英文名称　Tundra Swan
分类地位　雁形目鸭科
保护级别　国家二级保护

形态特征　体长 140 cm，较高大，白色，雌鸟略小。体羽洁白，头部稍带棕黄色。与大天鹅最显著的区别是喙黄色较少，仅限于喙基的两侧，沿喙缘不延伸到鼻孔以下。虹膜：褐色；喙：黑色带黄色喙基；脚：黑色。

生活习性　栖居于多芦苇及水草的开阔的湖泊及大型河流。主要以水生植物的根、茎、叶、籽为食，也吃小型无脊椎动物等。善高飞，飞行时呈"V"形。

黄河湿地监测及分析　黄河湿地有较大种群分布，为旅鸟。越冬季的 10 月下旬至 11 月，翌年 2 月下旬至 3 月上旬，会监测到数量不等的小天鹅在此经停。

小天鹅　（李全民　摄）

小天鹅 （李长看 摄）

小天鹅 （王金铭 摄）

中文名称　大天鹅
拉丁学名　*Cygnus cygnus*
英文名称　Whooper Swan
分类地位　雁形目鸭科
保护级别　国家二级保护

形态特征　体长 155 cm，体型高大，白色。喙黑色，喙基黄色延至上喙侧缘成尖。比小天鹅体型大；游水时颈部较疣鼻天鹅为直，亚成鸟羽色较疣鼻天鹅更为单调，嘴色亦淡。虹膜：褐色；喙：基黄端黑；脚：黑色。

生活习性　繁殖于北方湖泊的苇丛，结群南迁越冬。栖于水生植物丰富的大型湖泊、水库，以水生植物为食，兼食水生动物。常聚群活动，结群飞行时呈"V"形，善飞，可达 9 000 m 高空，飞行时较安静。

黄河湿地监测及分析　黄河湿地为大天鹅主要越冬地，三门峡湿地有数千只的大种群，为冬候鸟，其他区域为旅鸟。

大天鹅　（蔺艳芳　摄）

大天鹅亚成鸟 （李长看 摄）

大天鹅　　　　　　　　小天鹅　　　　　　　　疣鼻天鹅

天鹅喙比较

17. 翘鼻麻鸭

中文名称　翘鼻麻鸭
拉丁学名　*Tadorna tadorna*
英文名称　Common Shelduck
分类地位　雁形目鸭科
保护级别　三有

形态特征　体长 60 cm，具醒目色彩的黑白色鸭。雄鸟头部墨绿色，喙及额基部隆起的皮质肉瘤鲜红色；胸部具有一栗色横带，肩羽、飞羽、尾羽末端和腹部中央的纵带均为黑色，其余体羽白色。雌鸟似雄鸟，较暗淡。虹膜：浅褐色；喙：赤红色；脚：红色。

生活习性　主要栖息于湖泊、河流、沼泽、沿海泥滩和河口等地。飞行疾速，两翅扇动较快。喜成群生活，尤其是越冬季。主食水生无脊椎动物，兼食小型鱼类和植物。

黄河湿地监测及分析　黄河湿地有广泛而零星的分布，为旅鸟。

◀ 翘鼻麻鸭 （白瑞霞　摄）

▲ 翘鼻麻鸭 （郭文　摄）

18. 赤 麻 鸭

中文名称　赤麻鸭
拉丁学名　*Tadorna ferruginea*
英文名称　Ruddy Shelduck
分类地位　雁形目鸭科
保护级别　三有

形态特征　体长 60 cm，橙栗色。通体黄褐色，雌雄羽色基本相同。雄鸟头顶棕白色；颊、喉、前颈及颈侧淡棕黄色；夏季有狭窄的黑色领圈；飞行时白色的翅上覆羽、铜绿色翼镜显著。虹膜：褐色；喙：黑色；脚：黑色。

生活习性　栖息于江河、湖泊及其附近的荒地、农田等各类生境中。非繁殖期以家族和小群生活，时集数十、近百只大群。主食水生植物的叶、芽、种子，农作物的幼苗、谷物等，兼食昆虫、甲壳动物、软体动物等。

黄河湿地监测及分析　黄河湿地分布广泛，种群较大，为冬候鸟或留鸟。

赤麻鸭（幼鸭+雄鸭+雌鸭）　（蔺艳芳　摄）

19. 鸳鸯

中文名称　鸳鸯
拉丁学名　*Aix galericulata*
英文名称　Mandarin Duck
分类地位　雁形目鸭科
保护级别　国家二级保护

形态特征　体长 40 cm，色彩艳丽，雌雄异色。雄鸟有醒目的白色眉纹，金色颈，背部长羽以及拢翼后可直立的独特的棕黄色炫耀性帆状饰羽；蚀羽期雄性鸳鸯羽色似雌鸳鸯；雄鸟的非婚羽似雌鸟。雌鸟头和整个上体灰褐色，眼周白色，眉纹白色，亦极为醒目和独特。虹膜：褐色；喙：雄鸟红色，雌鸟灰色；脚：黄色。

生活习性　栖于偏僻的沼泽、河滩；营巢于水边的树洞中。性机警，杂食性，主食水生植物，兼食小型动物。

黄河湿地监测及分析　黄河湿地呈斑状零星分布，不同区域为旅鸟、冬候鸟或夏候鸟。

鸳鸯（左雌右雄）　（蔺艳芳　摄）

鸳鸯蚀羽期 （李长看 摄）

鸳鸯雄鸟 （王争亚 摄）

棉凫（左雌右雄）　（杨旭东　摄）

20. 棉 凫

中文名称　棉凫
拉丁学名　*Nettapus coromandelianus*
英文名称　Cotton Pygmy Goose
分类地位　雁形目鸭科
保护级别　国家二级保护

形态特征　体长 30 cm，深绿色及白色。雄鸟繁殖期冠纹黑色，胸部具暗绿色狭窄颈带，背、两翼深绿色，尾黑色，体羽余部近白色。雌鸟具暗褐色过眼纹，背部棕褐色，颈部、腹部黄褐色。虹膜：雄鸟红色，雌鸟深色；喙：灰色；脚：灰色。

生活习性　主要栖息于水生植物丰茂的江河、湖泊、池塘、沼泽；营巢于树上洞穴，常栖于高树上。主食植物嫩叶、嫩芽、根和种子，偶尔取食昆虫等无脊椎动物。

黄河湿地监测及分析　黄河洛阳、郑州、新乡段湿地有零星分布，为旅鸟或夏候鸟。

21. 赤 膀 鸭

中文名称	赤膀鸭
拉丁学名	*Mareca strepera*
英文名称	Gadwall
分类地位	雁形目鸭科
保护级别	三有

形态特征　体长 44～55 cm，体羽暗色。雌雄异色；雄鸟头棕，尾黑，次级飞羽具白斑，腿橘黄色。雌鸟似雌绿头鸭但头较扁，嘴侧橘黄，腹部及次级飞羽白色。虹膜：褐色；喙：灰色至橘黄色；脚：橘黄色。

生活习性　通常集群活动，常与其他鸭类混群；性羞怯而机警。以水生植物为主，亦采食农田的青草、谷物等。

黄河湿地监测及分析　黄河湿地有小种群分布，为冬候鸟。

赤膀鸭（左雌右雄）　（杨双成　摄）

22. 罗 纹 鸭

中文名称　罗纹鸭
拉丁学名　*Mareca falcata*
英文名称　Falcated Duck
分类地位　雁形目鸭科
保护级别　三有

形态特征　体长约 50 cm，雌雄异色，中等体型。雄鸟头顶栗色，额有一块白斑；眼周至后颈侧暗绿色并具光泽，喉及喙基部白色使其区别于体型甚小的绿翅鸭。雌鸟暗褐色杂深色。虹膜：褐色；喙：黑色；脚：暗灰色。

生活习性　主要栖息于湖泊、河流、沼泽。结小群活动。以水生植物为食。

黄河湿地监测及分析　黄河湿地有分布，为冬候鸟或旅鸟。

罗纹鸭（左雄右雌）　（蔺艳芳　摄）

▲ 赤颈鸭 （吴新亚 摄）

▲ 赤颈鸭雄鸟 （吴新亚 摄）

23. 赤 颈 鸭

中文名称	赤颈鸭
拉丁学名	*Mareca penelope*
英文名称	Eurasian Wigeon
分类地位	雁形目鸭科
保护级别	三有

形态特征 体长 45 ~ 51 cm，雌雄异色。雄鸟繁殖期头部栗色带皮黄色冠羽；体羽余部多灰色，两肋有白斑，腹白，尾下覆羽黑色；飞行时白色翅羽与深色飞羽及绿色翼镜成对照。雌鸟通体棕褐或灰褐色，腹白；飞行时浅灰色的翅覆羽与深色的飞羽成对照。虹膜：棕色；喙：蓝绿色；脚：灰色。

生活习性 常集群活动，与其他鸭类混群。以植物性食物为食，常成群在浅水处觅食眼子菜、藻类和其他水生植物的根、茎、叶和果实。

黄河湿地监测及分析 黄河湿地有小种群分布，为旅鸟或冬候鸟。

24. 绿 头 鸭

中文名称　绿头鸭
拉丁学名　*Anas platyrhynchos*
英文名称　Mallard
分类地位　雁形目鸭科
保护级别　三有

形态特征　中型游禽，体长 47～62 cm，雌雄异色，系家鸭的原始种源。因雄鸟头、颈部深绿色而得名绿头鸭；颈部有醒目白环，胸栗色；蚀羽期雄鸟羽色似雌鸟，黄绿色喙是识别要点。雌鸟体褐，贯眼纹深色。虹膜：褐色；喙：雄鸟黄绿色，雌鸟黑褐色；脚：橙黄色。

生活习性　栖息于水生植物丰富的湿地。善于在水中觅食、戏水和求偶交配。喜干净，常梳理羽毛精心打扮，休息时互相警戒。以植物为主食，也吃无脊椎动物和甲壳动物。

黄河湿地监测及分析　黄河湿地有大种群分布，为优势种，常与其他雁、鸭混群，为冬候鸟，部分为留鸟。

绿头鸭雄鸟　（李长看　摄）

绿头鸭雌鸟 （李长看 摄）

绿头鸭蚀羽期（左雄右雌） （李长看 摄）

斑嘴鸭 （李菁钰 摄）

25. 斑 嘴 鸭

中文名称 斑嘴鸭
拉丁学名 *Anas zonorhyncha*
英文名称 Chinese Spot-billed Duck
分类地位 雁形目鸭科
保护级别 三有

形态特征 体长50～64 cm，大型鸭类。雌雄羽色相似，上喙黑色，先端黄色，是本种识别特点。脸至上颈侧、眼先、眉纹、颊和喉均为淡黄白色，远看呈白色，与深的体色呈明显反差。虹膜：褐色；喙：基黑端黄；脚：红色。

生活习性 通常栖息于江河、湖泊、水库、海湾和沿海滩涂盐场等水域。以植物为主食，兼食无脊椎动物。

黄河湿地监测及分析 黄河湿地有大种群分布，系优势物种；为冬候鸟，部分为留鸟。

斑嘴鸭亚成鸟 （李菁钰 摄）

斑嘴鸭的卵 （李长看 摄）

26. 针 尾 鸭

中文名称　针尾鸭
拉丁学名　*Anas acuta*
英文名称　Northern Pintail
分类地位　雁形目鸭科
保护级别　三有

形态特征　体长约 55 cm，雌雄异色。雄鸟头暗褐色；颈侧、前颈至腹部白色；后颈、背胁灰色；翼镜铜绿色；中央尾羽黑色，特别延长。雌鸟全身褐色，有黑褐色斑纹，尾羽较雄鸟短，但亦形尖。因中央尾羽延长似针，故得名。虹膜：褐色；嘴：黑色；脚：暗灰色。

生活习性　主要栖息于江河湖泊。集群活动，性机警，易惊飞。以植物性食物为主，兼食水生无脊椎动物。

黄河湿地监测及分析　黄河湿地有小种群分布，为冬候鸟。

针尾鸭（左雌右雄）　（蔺艳芳　摄）

针尾鸭（雄鸟） （李长看 摄）

27. 绿翅鸭

中文名称	绿翅鸭
拉丁学名	*Anas crecca*
英文名称	Eurasian Teal
分类地位	雁形目鸭科
保护级别	三有

形态特征 小型游禽，体长约 37 cm，雌雄异色。雄鸟头颈栗褐色，头侧有黑绿色带斑，两翅暗褐色，翼镜翠绿色；脸部的"绿色大逗号"是雄鸟的重要辨识特征。雌鸟头顶及后颈棕色，具粗而密的黑褐色纵纹，头颈两侧淡棕色。虹膜：棕色；喙：黑色；脚：暗灰色。

生活习性 主要栖息于湖泊、池塘，以水草、种子、蠕虫为食。迁徙时成群飞行，是我国水鸭中的优势种之一，数量多，分布也很广。

黄河湿地监测及分析 黄河湿地有较大种群分布，为冬候鸟。

绿翅鸭（左雌右雄） （李长看 摄）

绿翅鸭 （马超 摄）

绿翅鸭（雄鸟+雌鸟） （白瑞霞 摄）

琵嘴鸭 （郭文 摄）

28. 琵 嘴 鸭

中文名称　琵嘴鸭
拉丁学名　*Spatula clypeata*
英文名称　Northern Shoveler
分类地位　雁形目鸭科
保护级别　三有

形态特征　体长50 cm，体大喙长，喙末端宽大如琵琶，故而得名。雌雄异色。雄鸟头和颈黑褐色，两侧闪蓝绿色的金属光泽；胸至上背的两侧和肩的外侧白色；翼镜金属绿色；腹栗色，尾羽白色。雌鸟上体多为暗褐色，下体淡棕色。虹膜：褐色；喙：黑色；脚：橘黄色。

生活习性　主要栖息于湖泊、河流。主要以螺、虾等水生动物为食，兼食水藻等。

黄河湿地监测及分析　黄河湿地有小种群分布，为旅鸟或冬候鸟。

琵嘴鸭雌鸟 （李长看 摄）

29. 白 眉 鸭

中文名称　白眉鸭
拉丁学名　*Spatula querquedula*
英文名称　Garganey
分类地位　雁形目鸭科
保护级别　三有

形态特征　体长 32～41 cm，中等体型。雌雄异色。雄鸟繁殖期头部紫棕色，具宽阔的白色眉纹，从眼前延伸至颈侧，故得名。胸、背部棕色，胁部灰色，肛周和尾棕色；雄鸟非繁殖期与雌鸟近似。雌鸟褐色的头部上图纹显著，腹白色。虹膜：栗色；喙：黑色；脚：蓝灰色。

生活习性　主要栖息于开阔的湖泊、江河、沼泽等水域中。迁徙和越冬时见于海岸潟湖、湖泊。常成对或小群活动，迁徙和越冬期间集成大群。主食水生植物的叶、茎、种子，兼食水生无脊椎动物。

黄河湿地监测及分析　黄河湿地有小种群分布，为旅鸟或冬候鸟。

白眉鸭（左雄右雌）　（李长看　摄）

白眉鸭（左雌右雄）　（蔺艳芳　摄）

白眉鸭（左、中雄右雌）　（王跃中　摄）

30. 花 脸 鸭

中文名称　花脸鸭
拉丁学名　*Sibirionetta formosa*
英文名称　Baikal Teal
分类地位　雁形目鸭科
保护级别　国家二级保护

形态特征　体长 39～43 cm，中等体型。雌雄异色。雄鸟脸部有黄色、深绿色及黑色宽条纹；胸部粉棕色带黑点，两胁具鳞状纹；上体棕色，肩羽形长。雌性有明显的眼先斑点，圆且色浅；暗色的顶冠和贯眼纹与浅棕色眉纹形成对比。虹膜：褐色；喙：灰色；脚：灰色。

生活习性　主要繁殖于东北亚森林苔原、湖泊；越冬栖息于华中、华南的湖泊、江河、水塘、沼泽、水库等。主要在黄昏和晚上觅食，采食水生植物的芽、嫩叶、果实和种子，也取食小型无脊椎动物。

黄河湿地监测及分析　黄河湿地有小种群分布，为旅鸟或冬候鸟。

花脸鸭雄鸟　（郭文　摄）

▲ 赤嘴潜鸭（左雄右雌）　（李长看　摄）

▲ 赤嘴潜鸭（上雄下雌）　（杨旭东　摄）

31. 赤 嘴 潜 鸭

中文名称	赤嘴潜鸭
拉丁学名	*Netta rufina*
英文名称	Red-crested Pochard
分类地位	雁形目鸭科
保护级别	三有

形态特征　体长 53～58 cm，雌雄异色。繁殖期雄鸟头部锈红色，喙橘红色，后颈、胸、腹部中央、尾部黑色；飞行时可见两胁白色，翼下羽白。雌鸟褐色，两胁无白色，但脸下、喉及颈侧为白色；额、顶盖及枕部深褐色，眼周色最深。繁殖后雄鸟似雌鸟，但喙为红色。虹膜：红褐色；喙：雄鸟橘红色，雌鸟灰色；脚：雄鸟粉红色，雌鸟灰色。

生活习性　性迟钝而不甚怕人，不善鸣叫；常成对或小群活动，有时亦集成上百只的大群。潜水取食为主，采食藻类等水生植物。

黄河湿地监测及分析　黄河湿地孟津段有较大越冬种群，其他区域罕见。

32. 红 头 潜 鸭

中文名称　红头潜鸭
拉丁学名　*Aythya ferina*
英文名称　Common Pochard
分类地位　雁形目鸭科
保护级别　三有

形态特征　体长 42～49 cm，中等体型；雌雄异色。繁殖期雄性头部和颈部栗红色，胸部和尾部黑色，身体呈灰色。雌性头部灰棕色，眼后一条浅带，眼先和下颌色浅，胸及尾近褐色。虹膜：雄鸟红色，雌鸟褐色；喙：灰色而端黑；脚：灰色。

生活习性　主要栖息于水生植物丰富的湖泊、池塘、潟湖等。性胆怯机警，善于潜水。主要在深水地方通过潜水觅食，主要以藻类，水生植物的叶、茎、根和种子为食；春夏季节亦觅食水生无脊椎动物。

黄河湿地监测及分析　黄河湿地有广泛、小种群分布，多与其他鸭类混群，为旅鸟或冬候鸟。

红头潜鸭雄鸟　（李长看　摄）

红头潜鸭雌鸟 （蔺艳芳　摄）

红头潜鸭 （乔春平　摄）

33. 青头潜鸭

中文名称	青头潜鸭
拉丁学名	*Aythya baeri*
英文名称	Baer's Pochard
分类地位	雁形目鸭科
保护级别	国家一级保护

形态特征 体长约 45 cm。雌雄异色。体圆，头大，胸深褐色，腹部及两肋白色。雄鸟繁殖期头和颈黑色，并具绿色光泽；眼白色；上体黑褐色；两肋淡栗褐色，具白色肋骨状斑。雌鸟体色较暗，头颈为暗黄褐色，胸红褐色，腹白色缀有褐色，两肋前面白色更明显。虹膜：雄性白色，雌性褐色；喙：深灰色；脚：铅灰色。

与凤头潜鸭雄鸟的区别：青头潜鸭头部无冠羽，体型较小，两侧白色块线条不够整齐，尾下羽白色。

与白眼潜鸭雄鸟的区别：青头潜鸭头颈部为黑色具绿色光泽，肋部肋骨状白色显著。

生活习性 栖于河流、湖泊。秋、冬季集成数十只甚至上百只的大群。常与白眼潜鸭、凤头潜鸭混群。杂食性，主要以水生植物为食，亦食小型动物。主要通过潜水觅食，在浅水处亦可如河鸭直接将头颈插入水中摄食。

黄河湿地监测及分析 黄河湿地青头潜鸭呈斑状分布，有稳定的种群，数量约 320 只，系全球主要栖息地之一。为留鸟，部分为冬候鸟。

青头潜鸭（左雌右雄） （李长看 摄）

青头潜鸭的卵 （李长看 摄）

青头潜鸭（雌鸟+幼鸟） （刘东洋 摄）

34. 白 眼 潜 鸭

中文名称	白眼潜鸭
拉丁学名	*Aythya nyroca*
英文名称	Ferruginous Duck
分类地位	雁形目鸭科
保护级别	三有

形态特征 体长41 cm，中等体型，全深色，雌雄异色。雄鸟体羽浓栗色，眼白色。雌性暗烟褐色，眼色淡，侧看头部羽冠高耸。飞行时，飞羽为白色带狭窄黑色后缘，仅眼、尾下羽白色。虹膜：雄性白色，雌鸟褐色；喙：蓝灰色；脚：灰色。

生活习性 主要栖息于水生植物丰富的淡水湖泊、池塘和沼泽地带。性胆小机警，常成对或成小群活动，常与青头潜鸭混群。杂食性，以植物性食物为主，也食水生无脊椎动物等。

黄河湿地监测及分析 黄河湿地分布有稳定的种群，常与青头潜鸭混群，在该区域为留鸟或冬候鸟。

▲ 白眼潜鸭（左雄右雌） （李长看 摄）

▲ 白眼潜鸭交配 （刘东洋 摄）

35. 凤 头 潜 鸭

中文名称　凤头潜鸭
拉丁学名　*Aythya fuligula*
英文名称　Tufted Duck
分类地位　雁形目鸭科
保护级别　三有

形态特征　体长 40~47 cm，因头带长羽冠而得名。雄鸟黑色，腹部及体侧白。雌鸟深褐，有浅色脸颊斑，两胁褐而羽冠短。飞行时二级飞羽呈白色带状。虹膜：黄色；喙：灰色；脚：灰色。

生活习性　主要栖息于开阔湿地；飞行迅速，会集成上百只的大群。常频繁潜水取食，主要取食虾、蟹、水生昆虫、小鱼等动物性食物，有时也吃少量水生植物。

黄河湿地监测及分析　黄河湿地有小种群分布，为旅鸟或冬候鸟。

凤头潜鸭雄鸟　（阎国伟　摄）

凤头潜鸭雌鸟　（蔺艳芳　摄）

凤头潜鸭（左雄右雌）　（阎国伟　摄）

36. 斑背潜鸭

中文名称　斑背潜鸭
拉丁学名　*Aythya marila*
英文名称　Greater Scaup
分类地位　雁形目鸭科
保护级别　三有

形态特征　体长 40～51 cm，中等体型的鸭类；雌雄异色。繁殖期雄性头黑色带暗绿色金属光泽，胸和尾部黑色，两胁白色，背部夹有白色斑纹。雌鸟棕色，背部及两胁具白色斑纹，喙基部有一宽白色环。虹膜：黄色略白；喙：灰蓝色；脚：灰色。

生活习性　繁殖于苔原地带，在富有水生植物的淡水湖泊、河流、沼泽等生境活动。善游泳和潜水，主要以甲壳动物、软体动物、水生昆虫、小型鱼类等为食。

黄河湿地监测及分析　黄河湿地分布有小种群，为旅鸟或冬候鸟。

◀ 斑背潜鸭雄鸟　（阎国伟　摄）

▲ 斑背潜鸭雌鸟　（郭文　摄）

斑脸海番鸭冬羽　（郭文　摄）

37. 斑 脸 海 番 鸭

中文名称　斑脸海番鸭
拉丁学名　*Melanitta stejnegeri*
英文名称　Siberian Scoter
分类地位　雁形目鸭科
保护级别　三有

形态特征　体长 51~58 cm。雄性成鸟全黑，眼下及眼后有白点，虹膜白色，喙灰，端黄且喙侧带粉色。雌鸟通体褐色，眼和喙之间及耳羽上各有一白点。飞行时，次级飞羽白色。

生活习性　喜聚群，常集小群飞行，一般做短距离的迁徙。善于潜水，潜入水中时翅膀半开，振翅时头部上扬。

黄河湿地监测及分析　黄河湿地罕见，三门峡、洛阳段有分布记录，为旅鸟或冬候鸟。

38. 长 尾 鸭

中文名称　长尾鸭
拉丁学名　*Clangula hyemalis*
英文名称　Long-tailed Duck
分类地位　雁形目鸭科
保护级别　三有

形态特征　体长 50～60 cm。繁殖期雄性中央尾羽特延长，脸部白色，头冠、颈部和胸部黑色，颈侧有大块黑斑。冬季雌鸟褐色，头部和腹部白色。顶盖黑色，颈侧有黑斑。飞行时，翼下羽黑色，腹部白色。

生活习性　冬季集成大群可以潜入很深的水中。雄性游泳时尾羽经常上翘。以动物性食物为食。繁殖季节主要以淡水动物如昆虫的幼虫、虾、甲壳动物、小鱼和软体动物为食，冬季则主要以海生动物为食。

黄河湿地监测及分析　黄河湿地罕见，三门峡、洛阳、郑州段有分布记录，为旅鸟或冬候鸟。

长尾鸭雌鸟（冬羽）　（杨双成　摄）▶

▲　长尾鸭雄鸟（繁殖羽）　（谷国强　摄）

▲ 鹊鸭雌鸟 （郭文 摄）

▲ 鹊鸭（左雄右雌） （郭浩 摄）

39. 鹊 鸭

中文名称	鹊鸭
拉丁学名	*Bucephala clangula*
英文名称	Common Goldeneye
分类地位	雁形目鸭科
保护级别	三有

形态特征 体长 40～50 cm，体型中等，雌雄异色。雄鸟头黑色，大而高耸；眼金色，喙基部脸颊处具大块圆形白斑。雌鸟略小，烟灰色，具近白色扇贝形纹，通常具狭窄白色前颈环。虹膜：黄色；喙：近黑色；脚：黄色。

生活习性 主要栖息于流速缓慢的江河、湖泊和沿海水域。性机警胆怯，善潜水，游泳时尾翘起。主要以昆虫、甲壳动物、软体动物、小鱼、蛙等为食。

黄河湿地监测及分析 黄河湿地分布有小种群，为旅鸟或冬候鸟。

40. 斑头秋沙鸭

中文名称　斑头秋沙鸭
拉丁学名　*Mergellus albellus*
英文名称　Smew
分类地位　雁形目鸭科
保护级别　国家二级保护

形态特征　体长 34~45 cm，雌雄异色；体型小，黑白色，又名白秋沙鸭。繁殖期雄鸟头、颈和下体白色，眼周、眼先、枕纹、上背、初级飞羽及胸侧的狭窄条纹为黑色，黑色眼罩酷似"熊猫眼"；体侧具灰色蠕虫状细纹。雌鸟额至后颈栗褐色，下颌及前颈白色，上体灰色。虹膜：褐色；喙：近黑色；脚：灰色。

生活习性　主要栖息于湖泊、池塘、水库及河流生境。善游泳和潜水。主要捕食小型鱼类、甲壳动物、贝类、水生昆虫等。

黄河湿地监测及分析　黄河湿地分布有小种群，为旅鸟或冬候鸟。

斑头秋沙鸭（左雄右雌）　（蔺艳芳　摄）

41. 普通秋沙鸭

中文名称　普通秋沙鸭
拉丁学名　*Mergus merganser*
英文名称　Common Merganser
分类地位　雁形目鸭科
保护级别　三有

形态特征　体长 58～72 cm，体型较大的食鱼鸭。雌雄异色。细长的喙具钩。雄鸭繁殖期头及背部绿黑色，枕部具有短的黑褐色冠羽，胸部及下体乳白色，翅上有大型白斑，飞行时翼白而外侧三级飞羽黑色。雌鸭头部和上颈棕褐色，上体灰色，下体白色。虹膜：褐色；喙：红色；脚：红色。

生活习性　主要栖息于河流、湖泊、水库、河口地区等。善潜水，不甚惧人。主要以小鱼为食，也捕食软体动物、甲壳动物等水生无脊椎动物。

黄河湿地监测及分析　黄河湿地分布有小种群，为旅鸟或冬候鸟。

◀ 普通秋沙鸭雄鸟　（郭文　摄）

▲ 普通秋沙鸭雌鸟　（李艳霞　摄）

42. 红胸秋沙鸭

中文名称　红胸秋沙鸭
拉丁学名　*Mergus serrator*
英文名称　Red-breasted Merganser
分类地位　雁形目鸭科
保护级别　三有

形态特征　体长 52~58 cm。雌雄异色，喙细长而带钩，捕食鱼类；丝质冠羽长而尖。雄鸟黑白色，两侧多具蠕虫状细纹；胸部棕色，条纹深色是识别特征。雌鸟及非繁殖期雄鸟色暗，呈褐色。虹膜：红色；喙：红色；脚：橘黄色。

生活习性　常呈小群活动。潜水觅食，主要捕食鱼类，亦吃水生昆虫、甲壳动物、软体动物等其他水生动物。偶尔采食少量植物。

黄河湿地监测及分析　黄河湿地有小种群分布，为旅鸟或冬候鸟。

红胸秋沙鸭雌鸟　（郭文　摄）

红胸秋沙鸭雄鸟　（蔺艳芳　摄）

红胸秋沙鸭雌鸟　（王跃中　摄）

43. 中 华 秋 沙 鸭

中文名称	中华秋沙鸭
拉丁学名	*Mergus squamatus*
英文名称	Chinese Merganser
分类地位	雁形目鸭科
保护级别	国家一级保护

形态特征 体长 58 cm，体型较大的潜水食鱼鸭。嘴形侧扁，前端尖出；体侧有黑色鱼鳞状斑纹，又称鳞胁秋沙鸭。雌雄异色，雄鸭头部和上背黑色；下背、腰部和尾上覆羽白色；翅上有白色翼镜；头顶的长羽后伸成双冠状。雌鸭头部和上颈棕褐色，冠羽较短。虹膜：褐色；嘴：橘黄色；脚：橘黄色。

生活习性 主要栖息于湍急河流、湖泊、水库、河口地区等。善潜水，甚机警。主要以小鱼为食，也捕食软体动物、甲壳动物等水生无脊椎动物。

黄河湿地监测及分析 黄河湿地分布有小种群，为旅鸟。

中华秋沙鸭（左雌右雄）　（李艳霞　摄）

中华秋沙鸭雌鸟 （于建军 摄）

三、䴙䴘目 Podicipediformes

　　游禽。各趾间具瓣蹼，眼先多具一窄条裸区；生活在淡水水域，善于潜水捕鱼；繁殖期有求偶炫耀，雄鸟常有特殊婚饰羽；用植物编成水面浮巢；雏鸟早成性。

　　世界性分布，繁殖于北半球，南迁越冬。包括1科、6属、23种。中国分布有1科、2属、5种，黄河（河南段）湿地分布有1科、4种。

凤头䴙䴘求偶　（蔺艳芳　摄）

（三）鸊鷉科 Podicipedidae

44. 小 鸊 鷉

中文名称	小鸊鷉
拉丁学名	*Tachybaptus ruficollis*
英文名称	Little Grebe
分类地位	鸊鷉目鸊鷉科
保护级别	三有

形态特征 小型游禽，体长 25～32 cm。因体型短圆，在水上浮沉宛如葫芦，又名水葫芦。繁殖期雄鸟下颌和前颈部栗色，头顶、枕部及背部深灰褐色；非繁殖羽上体褐色，下体偏灰色。虹膜：黄色；喙：黑色，基部具黄斑；脚：蓝灰色，趾间具瓣蹼。

生活习性 主要栖息于水草丛生的河流、湖泊。以小鱼、虾、水生昆虫等为主。性怯懦，常匿居草丛间，或成群在水上游荡，一遇惊扰，立即潜入水中。

黄河湿地监测及分析 黄河湿地分布广泛，种群数量较大，为留鸟。

◀ 小鸊鷉冬羽 （李长看 摄）

▲ 小鸊鷉育雏 （马继山 摄）

45. 凤头䴙䴘

中文名称　凤头䴙䴘
拉丁学名　*Podiceps cristatus*
英文名称　Great Crested Grebe
分类地位　䴙䴘目䴙䴘科
保护级别　三有

形态特征　体长50～58 cm。头顶黑褐色，枕部两侧羽毛延长成棕栗色羽冠，羽端黑色；颈长，翅短，上体灰褐色，下体近白色；尾羽退化；足位于身体后部，趾间瓣蹼发达。虹膜：赤红色；喙：黄色；脚：近黑色。

生活习性　主要栖息于水草丛生的湖泊。食物以小鱼、虾、昆虫等为主。繁殖期雌雄同步做精湛的求偶炫耀——两相对视、身体高耸、同步点头。

黄河湿地监测及分析　黄河湿地常见成对或小群活动，为留鸟或冬候鸟。

凤头䴙䴘冬羽　（李长看　摄）

凤头䴙䴘繁殖羽 （刘建平 摄）

凤头䴙䴘 （李长看 摄）

46. 角鸊鷉

中文名称　角鸊鷉
拉丁学名　*Podiceps auritus*
英文名称　Slavonian Grebe
分类地位　鸊鷉目鸊鷉科
保护级别　国家二级保护

形态特征　体长 31～39 cm。成鸟夏季头、颈及体背黑色，具清晰的橙黄色过眼纹及冠羽，并延伸过颈背，前颈及两胁深栗色。冬季黑色头冠延伸至眼下，头显略大而平。虹膜：红色；喙：黑色；脚：蓝灰色。

生活习性　冬季结小群活动。繁殖期雌雄间做求偶炫耀。主要取食各种鱼类、蛙类，水生昆虫等水生无脊椎动物。

黄河湿地监测及分析　黄河湿地罕见，为旅鸟或冬候鸟。

角鸊鷉繁殖羽　（熊林春　摄）

角鸊鷉冬羽　（吴新亚　摄）

▲ 黑颈鸊鷉繁殖羽 （律国建 摄）

▲ 黑颈鸊鷉非繁殖羽 （李艳霞 摄）

47. 黑 颈 鸊 鷉

中文名称	黑颈鸊鷉
拉丁学名	*Podiceps nigricollis*
英文名称	Black-necked Grebe
分类地位	鸊鷉目鸊鷉科
保护级别	国家二级保护

形态特征 体长 25～34 cm。繁殖期成鸟具松软的黄色耳簇，耳簇延伸至耳羽后；前颈黑色。冬季喙全深色。深色的顶冠延至眼下；颏部白色延伸至眼后呈月牙形。飞行时无白色翼覆羽。虹膜：红色；喙：黑色，上扬；脚：灰黑色。

生活习性 常成对或集小群活动于有水生植物的开阔淡水水域。越冬时常集大群。主要通过潜水觅食，食物主要为水生无脊椎动物，偶尔也吃少量水生植物。

黄河湿地监测及分析 黄河湿地罕见，为旅鸟。

四、鸽形目 Columbiformes

　　陆禽。地栖或树栖。体形似鸽，体羽密而柔软，多褐色、灰色；喙短而细，具有蜡膜；腿短，脚强健，具钝爪，适宜奔走及掘食；翅中等发育，尾圆形或楔形；嗉囊发达，繁殖期能分泌"鸽乳"以育雏；在树上或岩缝，用植物编极简陋巢；雏鸟晚成性。

　　除高纬度地区外，广布于全球，以热带种类居多。包括1科、50属、344种。中国分布有1科、7属、31种，黄河（河南段）湿地分布有1科、5种。

珠颈斑鸠交配　（杨旭东　摄）

（四）鸠鸽科 Columbidae

48. 岩 鸽

中文名称	岩鸽
拉丁学名	*Columba rupestris*
英文名称	Hill Pigeon
分类地位	鸽形目鸠鸽科
保护级别	三有

形态特征 体长 31 cm。体羽灰色。翼上具两道黑色横斑。非常似原鸽，但腹部及背色较浅，尾上有宽阔的偏白色次端带，与灰色的尾基、浅色的背部呈明显对比。虹膜：浅褐色；喙：黑色；蜡膜：肉色；脚：红色。

生活习性 常集小群在山谷草地上觅食，也成大群夜宿于悬崖缝或石块洞穴中。

黄河湿地监测及分析 黄河中游湿地有分布，偶见大群，为留鸟。

岩鸽 （李长看 摄）

49. 山 斑 鸠

中文名称	山斑鸠
拉丁学名	*Streptopelia orientalis*
英文名称	Oriental Turtle Dove
分类地位	鸽形目鸠鸽科
保护级别	三有

形态特征　体长 32～35 cm，中等体型，偏粉色。识别特征是颈侧有黑白色条纹的块状斑。上体深色，体羽羽缘棕色；腰灰色；尾羽近黑色，尾梢浅灰色；下体多偏粉色。虹膜：黄色；喙：灰色；脚：粉红色。

生活习性　主要栖息于低山丘陵、平原、林地、农田耕地和果园等生境。多在林下地上、农田耕地、林缘觅食，主要以植物果实、种子、嫩叶等为食。

黄河湿地监测及分析　黄河湿地常见种，为留鸟。

山斑鸠　（李长看　摄）

灰斑鸠 （李长看 摄）

50. 灰 斑 鸠

中文名称　**灰斑鸠**
拉丁学名　*Streptopelia decaocto*
英文名称　Eurasian Collared Dove
分类地位　鸽形目鸠鸽科
保护级别　三有

形态特征　体长 30 ~ 32 cm，灰褐色斑鸠。头顶灰色，后颈具黑白色半领环。上体粉灰色，下体灰色。虹膜：褐色；喙：灰色；脚：粉红色。

生活习性　常集小群活动，有时与其他斑鸠混群。喜欢在地面觅食，以各种植物果实和种子为食。

黄河湿地监测及分析　黄河湿地罕见，为留鸟。

51. 火 斑 鸠

中文名称　火斑鸠
拉丁学名　*Streptopelia tranquebarica*
英文名称　Red Turtle Dove
分类地位　鸽形目鸠鸽科
保护级别　三有

形态特征　体长约 23 cm，雌雄异色，体型较小的酒红色斑鸠。识别特征为后颈有一黑色领环，并延伸至颈两侧。雄鸟体羽红色；头、颈蓝灰色。雌鸟额和头顶淡褐色而沾灰色，后颈基处黑色领环较细窄。虹膜：暗褐色；喙：灰黑色；脚：褐红色。

生活习性　常成群栖息田野间、村庄附近、杂木林中。以杂草及种子为食。

黄河湿地监测及分析　黄河湿地有小种群分布，为夏候鸟。

▲ 火斑鸠雄鸟 （李长看 摄）

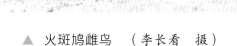

▲ 火斑鸠雌鸟 （李长看 摄）

▲ 珠颈斑鸠 （李长看 摄）

▲ 珠颈斑鸠求偶（左雄右雌） （李长看 摄）

52. 珠 颈 斑 鸠

中文名称　珠颈斑鸠
拉丁学名　*Spilopelia chinensis*
英文名称　Spotted Dove
分类地位　鸽形目鸠鸽科
保护级别　三有

形态特征　体长 27～30 cm，粉褐色斑鸠。额和前头顶浅灰色，羽端呈红色；后颈有黑羽半圈，杂以白色至棕色斑点，形如珠状，故又名珍珠鸠。尾略显长，尾羽具显著白色端斑。虹膜：橘黄色；喙：黑色；脚：红色。

生活习性　常成群栖息于田野间、村庄附近、杂木林中。觅食杂草及种子，在清晨、黄昏及雨前雨后，常听到"咕咕咕、咕咕咕"悠长的鸣叫。

黄河湿地监测及分析　黄河湿地常见种，为留鸟。

五、夜鹰目 Caprimulgiformes

　　有两类，一类是夜行性攀禽。头较扁平，喙极短小，嘴裂宽阔，有发达的嘴须或特化成须状的羽毛。雌雄同色，体色多以褐色、白色、棕色和黑色为主，斑驳似猫头鹰。两翼尖长或短圆，飞行时安静无声。尾较长，平尾或圆尾。腿短，并趾型。主要栖息于森林，也见于开阔生境。夜行性，多以昆虫为食，少数种类以植物果实为主。营巢于树干或地面。

　　主要分布于热带至亚热带，少数分布于温带。包括 4 科、25 属、122 种；中国分布有 2 科、3 属、7 种，黄河（河南段）湿地分布有 1 科、1 种。

　　一类是小型攀禽，即原雨燕目物种，后雨燕目合并进入夜鹰目。喙短弱或细长，有的嘴裂宽阔，嘴须发达，有的喙尖长而无明显嘴须。雌雄同色或差异较小。羽色较暗淡，两翼尖长而善飞行。脚短而弱，尾长，以平尾和叉尾为主。主要以昆虫为食。有的类群不迁徙，有的则具有超常的迁徙能力。

　　全球广布。包括 4 科、127 属、486 种。中国分布有 2 科、6 属、15 种，黄河（河南段）湿地分布有 1 科、2 种。

普通夜鹰 　（李艳霞　摄）

（五）夜鹰科 Caprimulgidae

53. 普通夜鹰

中文名称　普通夜鹰
拉丁学名　*Caprimulgus jotaka*
英文名称　Grey Nightjar
分类地位　夜鹰目夜鹰科
保护级别　三有

形态特征　体长 28～32 cm，通体暗灰褐色。嘴扁，黑色；喉具白斑；上体灰褐色，杂以黑褐色和白色蠹状斑。雄鸟尾羽具白色斑纹，中央尾羽黑色。雌鸟似雄鸟，飞羽具白色块斑呈皮黄色，外侧尾羽无白斑。虹膜：褐色；嘴：黑色；脚：咖色。

生活习性　夜行性。白天通常蹲伏于树枝、树干上或林中地面，难以被发现。黄昏或夜晚飞出觅食。主要以鳞翅目、半翅目等昆虫为食。

黄河湿地监测及分析　黄河湿地有少量分布，为夏候鸟。

普通夜鹰　（熊林春　摄）

（六）雨燕科 Apodidae

54. 普 通 雨 燕

中文名称　普通雨燕
拉丁学名　*Apus apus*
英文名称　Common Swift
分类地位　夜鹰目雨燕科
保护级别　三有

形态特征　体长 17～21 cm，黑褐色燕。头和上体黑褐色，额和喉部带淡灰色。胸部有灰色细横带。翅镰刀形，尾分叉。虹膜：褐色；喙：黑色；脚：黑色。

生活习性　不能从地面起飞，只能从高处俯冲再起飞。常集群活动。飞行迅速，在空中捕食飞虫。

黄河湿地监测及分析　黄河三门峡段湿地有分布，罕见，为夏候鸟。

普通雨燕　（吴新亚　摄）

55. 白 腰 雨 燕

中文名称　白腰雨燕
拉丁学名　*Apus pacificus*
英文名称　Fork-tailed Swift
分类地位　夜鹰目雨燕科
保护级别　三有

形态特征　体长 18 cm，污褐色雨燕。喉白色，颏偏白；上体黑色，翅长，腰上有白斑；尾长，叉深；下体黑褐色，羽端白色。虹膜：深褐色；喙：黑色；脚：偏紫色。

生活习性　常集小群觅食于开阔的栖息地上空。

黄河湿地监测及分析　黄河三门峡段湿地有分布，罕见，为夏候鸟。

白腰雨燕　（杜卿　摄）

六、鹃形目 Cuculiformes

　　中型攀禽。喙多纤细，先端微下弯；腿短而弱，对趾型或半对趾型，适宜抓握；尾长而呈圆形。一些种类有寄生性繁殖习性，雏鸟晚成性。

　　世界性分布，但以温带种类居多。包括1科、33属、149种。中国分布有1科、9属、20种，黄河（河南段）湿地分布有1科、6种。

棕扇尾莺喂养大杜鹃幼鸟　（李振中　摄）

（七）杜鹃科 Cuculidae

56. 小 鸦 鹃

中文名称	小鸦鹃
拉丁学名	*Centropus bengalensis*
英文名称	Lesser Coucal
分类地位	鹃形目杜鹃科
保护级别	国家二级保护

形态特征　体长约42 cm，棕色和黑色鸦鹃。体羽黑色，上背和翅淡红褐色，翅下覆羽褐色。尾长，黑色，具金属光泽。虹膜：红色；喙：黑色；脚：黑色。

生活习性　主要栖息于低山丘陵和山脚平原地带的灌丛、次生林、草丛和果园中。性机警，常单独或成对活动。主食蝗虫、蝼蛄等昆虫和其他小型动物，兼食植物果实与种子。

黄河湿地监测及分析　黄河湿地有分布，罕见，为夏候鸟。

小鸦鹃　（李艳霞　摄）

57. 噪鹃

中文名称　噪鹃
拉丁学名　*Eudynamys scolopaceus*
英文名称　Western Koel
分类地位　鹃形目杜鹃科
保护级别　三有

形态特征　体长约 42 cm，雌雄异色。雄鸟通体黑色，具蓝色金属光泽。雌鸟灰褐色，周身布满白色斑点。虹膜：红色；喙：浅绿色；脚：蓝灰色。

生活习性　主要栖息于山地、丘陵、山脚平原密林区。营巢寄生，借乌鸦、卷尾及黄鹂的巢产卵。多单独活动，善于隐蔽，叫声独特。主要以植物果实、种子为食，也取食蚱蜢、甲虫等昆虫。

黄河湿地监测及分析　黄河湿地分布广泛，数量较少，为夏候鸟。

◀ 噪鹃雌鸟　（郭文　摄）

▲ 噪鹃雄鸟　（张岩　摄）

58. 大 鹰 鹃

中文名称	大鹰鹃
拉丁学名	*Hierococcyx sparverioides*
英文名称	Large Hawk-cuckoo
分类地位	鹃形目杜鹃科
保护级别	三有

形态特征　体长约40 cm，灰褐色杜鹃。上体灰褐色，头、后颈灰色，尾端斑白色；下体近白色，具黑色横纹；颏黑色。虹膜：橘黄色；喙：上黑下黄绿色；脚：浅黄色。

生活习性　常单独活动，难见踪迹，隐蔽于林中鸣叫。巢寄生。以昆虫为食。

黄河湿地监测及分析　黄河三门峡段湿地有分布，罕见，为夏候鸟。

大鹰鹃　（郭文　摄）

四声杜鹃 （阎国伟 摄）

59. 四 声 杜 鹃

中文名称 四声杜鹃
拉丁学名 *Cuculus micropterus*
英文名称 Indian Cuckoo
分类地位 鹃形目杜鹃科
保护级别 三有

形态特征 体长约30 cm，中等体型，偏灰色。头顶和后颈暗灰色，头侧、眼先、颌、喉及上胸浅灰色；上体余部及两翼浓褐色。腹部白色，杂以黑色横斑。虹膜：红褐色，黄色眼圈；喙：上喙黑色，下喙偏绿色；脚：黄色。

生活习性 巢寄生的形式繁殖。主要栖息于山地或平原树林内。嗜食昆虫，一只四声杜鹃可使40亩（1亩约等于667 m²）松林免遭虫害，是著名的益鸟。夏收季节，久鸣不休，似"快快割麦"。

黄河湿地监测及分析 黄河湿地有分布，罕见，为夏候鸟。

60. 大 杜 鹃

中文名称	大杜鹃
拉丁学名	*Cuculus canorus*
英文名称	Common Cuckoo
分类地位	鹃形目杜鹃科
保护级别	三有

形态特征 体长 30~33 cm，雌雄异色。雄鸟上体暗灰色，两翼暗褐，外侧覆羽和飞羽暗褐色，尾黑色，先端白色；颔、喉、上胸及头颈浅灰色，下体余部白色而杂以黑褐色横斑。雌鸟为棕色，背部具黑色横斑。虹膜：黄色，黄眼圈；喙：上为深色，下为黄色；脚：黄色。

生活习性 主要栖息于林地，晨间常"布谷、布谷"鸣叫不已。嗜食昆虫，是著名的益鸟。它不筑巢，不孵卵，不育雏，借"养父母"如东方大苇莺等完成育雏任务，是巢寄生的典型。

黄河湿地监测及分析 黄河湿地分布广泛，种群数量较大，为夏候鸟。

▲ 东方大苇莺喂养大杜鹃幼鸟 （杨旭东 摄）

▲ 大杜鹃 （李长看 摄）

61. 红翅凤头鹃

中文名称　红翅凤头鹃
拉丁学名　*Clamator coromandus*
英文名称　Chestnut-winged Cuckoo
分类地位　鹃形目鹃科
保护级别　三有

形态特征　体长约 45 cm。尾长，具显眼的直立凤头。顶冠及凤头黑色，背及尾黑色而带蓝色光泽，翼栗色，喉及胸橙褐色，颈圈白色，腹部近白。虹膜：红褐色；喙：黑色；脚：黑色。

生活习性　常单独在高大树木中上层活动或站立鸣叫。主要以昆虫为食。巢寄生。

黄河湿地监测及分析　黄河湿地有分布，偶见，为夏候鸟。

红翅凤头鹃　（冯克坚　摄）

七、鸨形目 Otidiformes

　　大中型陆禽。头小，喙短而有力，颈长而粗。雌雄异色，多以褐色、白色、棕色和黑色为主。两翼宽阔，腿长而强健，体态健硕。善奔跑，飞行姿态似鹤但脚不伸出或略伸出尾端。常集小群活动，性胆小而机警。杂食性，主要以植物的芽、嫩叶、种子为食，也吃昆虫、小型两栖爬行动物等。

　　主要分布于非洲、欧洲、亚洲和澳大利亚。全世界包括1科、11属、26种。中国分布有1科、3属、3种，黄河（河南段）湿地分布有1科、1种。

大鸨 （冯光裕 摄）

（八）鸨科 Otididae

62. 大鸨

中文名称	大鸨
拉丁学名	*Otis tarda*
英文名称	Great Bustard
分类地位	鸨形目鸨科
保护级别	国家一级保护

形态特征 体长 75 ～ 105 cm，雌雄同色异型，雌雄体重比达 1：3。体型粗壮，颈长而粗；头灰，颈棕，上体具宽大的棕色及黑色横斑，下体及尾下白色。繁殖期雄鸟颈前有白色丝状羽，颈侧丝状羽棕色。飞行时翼偏白，次级飞羽黑色，初级飞羽具深色羽尖。雌鸟无丝状羽，体型小。虹膜：褐色；喙：灰色；脚：灰褐色。

生活习性 栖息于广阔草原、半荒漠地带及农田草地，通常成群活动。性耐寒、机警，善奔走、不鸣叫。繁殖期雄鸟多聚集在一起进行求偶炫耀，吸引雌鸟。主要吃植物的嫩叶、嫩芽、种子以及昆虫、蛙等动物性食物。

黄河湿地监测及分析 黄河湿地呈斑块状分布，三门峡段的鼎湖湾湿地、洛阳段的孟津湿地、郑州段的狼城岗湿地、开封段的柳园口湿地、新乡段的封丘湿地，尤其是开阔的长垣黄河湿地为大鸨主要的越冬地。为冬候鸟。

大鸨 （王恒瑞 摄）

大鸨 （李长看 摄）

大鸨 （马继山 摄）

八、鹤形目 Gruiformes

涉禽。雌雄羽色相近；眼先被羽或裸出；翅多短圆，第一枚初级飞羽较第二枚短；尾短，有12枚尾羽。颈和脚均较长，胫的下部裸出；脚趾多细长，后趾不发达或完全退化，存在时亦与前3趾不在同一平面，不具有把握树枝的功能；趾间无蹼，有时具瓣蹼；多筑地面巢。不具真正的嗉囊，盲肠较发达；鸣管由气管与支气管的一部分构成；气管发达，能在胸骨和胸肌间构成复杂的卷曲，有利于发声共鸣。

世界性分布，繁殖于北半球，南迁越冬。包括6科、56属、189种。中国分布有2科、26属、30种，黄河（河南段）湿地分布有2科、15种。

灰鹤 （李长看 摄）

（九）秧鸡科 Rallidae

63. 西秧鸡

中文名称　西秧鸡
拉丁学名　*Rallus aquaticus*
英文名称　Western Water Rail
分类地位　鹤形目秧鸡科
保护级别　三有

形态特征　体长 23～26 cm，中等体型，深灰色，原为普通秧鸡的新疆亚种。头、面部及胸部为相对鲜艳的石板灰色；眉纹浅灰色，眼线深灰色；上体暗褐色具黑色条纹，两胁和尾下覆羽具黑白色横斑。虹膜：红色；喙：红色至黑色；脚：红色。

生活习性　主要栖息于河流湿地及岸边的灌丛、草地。常单独行动，性胆怯。主要以鱼、虾、软体动物、昆虫等为食，也取食嫩枝、根、种子和果实等。

黄河湿地监测及分析　黄河洛阳、郑州段湿地有分布，罕见，为旅鸟或冬候鸟。

西秧鸡　（齐保林　摄）

64. 普 通 秧 鸡

中文名称　普通秧鸡
拉丁学名　*Rallus indicus*
英文名称　Eastern Water Rail
分类地位　鹤形目秧鸡科
保护级别　三有

形态特征　体长约 30 cm，中等体型。头顶褐色，脸、喉部、前颈及胸部灰色；眉纹浅灰色，眼线深灰色；上体暗褐色具黑色条纹，两胁和尾下覆羽具黑白色横斑。虹膜：红色；喙：红色至黑色；脚：红色。

生活习性　主要栖息于低山丘陵、山脚平原地带的河流湿地及岸边的灌丛、草地。常单独行动，性胆怯。主要以小鱼、甲壳动物、软体动物、昆虫等为食，也取食嫩枝、根、种子和果实等。

黄河湿地监测及分析　黄河湿地有分布，罕见，为冬候鸟或旅鸟。

普通秧鸡　（张岩　摄）

小田鸡雄鸟　（蔺艳芳　摄）

65. 小 田 鸡

中文名称	小田鸡
拉丁学名	*Zapornia pusilla*
英文名称	Baillon's Crake
分类地位	鹤形目秧鸡科
保护级别	三有

形态特征　体长 15～19 cm，灰褐色。喙短，背部具白色纵纹，两胁及尾下具白色细横纹。雄鸟头顶及上体红褐，具黑白色纵纹和白色斑点；胸及脸灰色。雌鸟色暗，耳羽褐色。虹膜：红色；喙：暗绿色；脚：近粉色。

生活习性　多单独活动，隐匿于水边植物中，受惊后躲入草丛，或突然起飞并迅速落入隐藏处。杂食性，主食水生昆虫。

黄河湿地监测及分析　黄河湿地有分布，罕见，为夏候鸟。

红胸田鸡 （熊林春 摄）

66. 红 胸 田 鸡

中文名称 红胸田鸡
拉丁学名 *Zapornia fusca*
英文名称 Ruddy-breasted Crake
分类地位 鹤形目秧鸡科
保护级别 三有

形态特征 体长 19～23 cm，红褐色，短喙。上体纯褐色，头侧、胸部和上腹深棕红色；颏、喉部白色，腹部及尾下近黑并具白色细横纹。虹膜：红色；喙：偏褐色；脚：红色。

生活习性 性胆怯，常于晨昏或夜间活动，白天多隐匿于草丛中活动。较少飞行，受惊后逃入草丛。杂食性，主要以水生昆虫、软体动物和水生植物的叶、芽、种子等为食。

黄河湿地监测及分析 黄河湿地有分布，罕见，为夏候鸟。

67. 斑 胁 田 鸡

中文名称　斑胁田鸡
拉丁学名　*Zapornia paykullii*
英文名称　Band-bellied Crake
分类地位　鹤形目秧鸡科
保护级别　国家二级保护

形态特征　体长 22～27 cm。嘴短，腿红色。头顶及背部深褐色。颏部白色，头侧及胸部栗红色，两胁及尾下近黑色，具白色细横纹。

生活习性　栖息于湿润多草的草甸及稻田。性较隐秘。以晨昏及夜行活动为主。白天偶见于草丛边觅食，受惊后躲回草中。

黄河湿地监测及分析　黄河洛阳、郑州段湿地有分布，罕见，为旅鸟或夏候鸟。

斑胁田鸡　（蔺艳芳　摄）

68. 红 脚 田 鸡

中文名称　红脚田鸡（红脚苦恶鸟）
拉丁学名　*Zapornia akool*
英文名称　Brown Crake
分类地位　鹤形目秧鸡科
保护级别　三有

形态特征　体长 25～28 cm。头顶、颈侧和胸灰色，喉白色；上体褐色，脸及胸青灰色；腹部及尾下褐色。虹膜：红色；喙：黄绿色；脚：鲜红色。

生活习性　常单独或成对活动。性机警，白天在植物茂密处或水边草丛中活动，晨昏时喜鸣叫，觅食较活跃。杂食性，主要以昆虫、软体动物、蜘蛛、小鱼等为食，也吃草籽和水生植物的嫩茎和根。

黄河湿地监测及分析　黄河湿地有分布，罕见，为夏候鸟。

红脚田鸡　（郭浩　摄）

▲ 白胸苦恶鸟 （张岩 摄）

▲ 白胸苦恶鸟 （蔺艳芳 摄）

69. 白 胸 苦 恶 鸟

中文名称　白胸苦恶鸟
拉丁学名　*Amaurornis phoenicurus*
英文名称　White-breasted Waterhen
分类地位　鹤形目秧鸡科
保护级别　三有

形态特征　体长约 33 cm，中等体型。头顶及上体青灰色，脸、额、喉部、胸部及下体白色；腹部和尾下覆羽栗红色。虹膜：红色；喙：绿色，基部红色；脚：黄色。

生活习性　主要栖息于溪流、水塘、沼泽、稻田等地。不善长距离飞行，善奔走，在水草丛中潜行。主要以昆虫、小型水生动物以及植物种子为食。繁殖季节常"苦恶、苦恶"持续鸣叫，单调重复，清晰嘹亮。

黄河湿地监测及分析　黄河湿地有分布，为夏候鸟。

董鸡雄鸟 （熊林春 摄）

70. 董 鸡

中文名称　董鸡
拉丁学名　*Gallicrex cinerea*
英文名称　Watercock
分类地位　鹤形目秧鸡科
保护级别　三有

形态特征　体长 31～53 cm。雄鸟繁殖期体羽黑色，具红色的尖形角状额甲；脚红色。雌鸟体型较小，额甲不显著；上体褐色，下体具细密横纹，脚黄绿色。雄鸟与雌鸟的冬羽相似。虹膜：褐色；喙：黄绿色；脚：黄绿色，雄鸟繁殖期红色。

生活习性　性羞怯，多在黄昏或阴天出没，白天活动较隐匿。通常单独或成对活动。杂食性，主要吃绿色植物的嫩枝、种子，也吃蠕虫和软体动物、水生昆虫等。

黄河湿地监测及分析　黄河湿地有分布，罕见，为夏候鸟。

董鸡雄鸟 （吴新亚 摄）

71. 黑 水 鸡

中文名称　黑水鸡
拉丁学名　*Gallinula chloropus*
英文名称　Common Moorhen
分类地位　鹤形目秧鸡科
保护级别　三有

形态特征　中型涉禽，体长约33 cm。通体黑褐色，尾下覆羽白色显著；趾很长，趾具狭窄的直缘膜或蹼。游泳时身体露出水面较高，尾向上翘，白斑尽显。虹膜：红色；喙：黄色，喙基与额甲红色鲜艳；脚：黄绿色。

生活习性　环境适应性强，主要栖息于灌木丛、蒲草、苇丛，善潜水，多成对活动。杂食性，主要以水草、小鱼虾、水生昆虫等为食。

黄河湿地监测及分析　黄河湿地分布广，种群大，为留鸟。

◀ 幼鸟

▼ 成鸟

黑水鸡　（李长看　摄）

白骨顶 （马继山 摄）

72. 白 骨 顶

中文名称 白骨顶（骨顶鸡）
拉丁学名 *Fulica atra*
英文名称 Common Coot
分类地位 鹤形目秧鸡科
保护级别 三有

形态特征　体长约40 cm，体型较大。通体黑色，仅喙和额甲为白色。虹膜：红色；喙：白色；脚：灰绿色。

生活习性　常结群栖于有隐蔽环境的湖泊、河流地带。杂食性，以植物的嫩芽、叶，小鱼，昆虫等为食。

黄河湿地监测及分析　黄河湿地有较大种群分布，为冬候鸟，部分为留鸟。

（十）鹤科 Gruidae

73. 白 鹤

中文名称　白鹤

拉丁学名　*Leucogeranus leucogeranus*

英文名称　Siberian Crane

分类地位　鹤形目鹤科

保护级别　国家一级保护

形态特征　体长 130～140 cm。两性相似，通体白色，雌鹤略小；喙橘黄，脸上裸皮猩红，腿粉红色；飞行时黑色的初级飞羽明显。

生活习性　性胆小而机警。常单独、成对或成家族群活动。采食时常将头和喙沉浸在水中，慢慢地边走边采食。主要以水生植物的根、茎和芽等为食。

黄河湿地监测及分析　黄河湿地有分布，罕见，为旅鸟。

白鹤 （李艳霞 摄）

白鹤亚成鸟 （李辰亮 摄）

74. 白 枕 鹤

中文名称　白枕鹤
拉丁学名　*Antigone vipio*
英文名称　White-naped Crane
分类地位　鹤形目鹤科
保护级别　国家一级保护

形态特征　体长约 150 cm，灰白色鹤。体羽大部分为深浅不一的灰色，初级飞羽黑色；额、面颊部位裸露，呈鲜红色，又得名红脸鹤；面部边缘及斑纹黑色，喉及颈背白色。枕、胸及颈前灰色延至颈侧成狭窄尖线条。虹膜：黄色；喙：黄色；脚：红色。

生活习性　栖于近湖泊、河流的沼泽地带。常觅食于农耕地，以嫩草、种子、软体动物等为食。迁徙时编队飞行。

黄河湿地监测及分析　黄河湿地有分布，与灰鹤混群，为旅鸟或冬候鸟。

◀ 白枕鹤 （王恒瑞 摄）

▲ 白枕鹤 （李长看 摄）

75. 蓑羽鹤

中文名称　蓑羽鹤
拉丁学名　*Grus virgo*
英文名称　Demoiselle Crane
分类地位　鹤形目鹤科
保护级别　国家二级保护

形态特征　体长 68～105 cm，蓝灰色鹤，体型最小的鹤类。头顶白色，眼先、喉和前颈黑色。白色丝状长羽的耳羽簇与偏黑色的头、颈及修长的胸羽成对比。三级飞羽形长但不浓密，不足覆盖尾部。大覆羽和初级飞羽灰黑色。虹膜：红色；喙：黄绿色；脚：黑色。

生活习性　性胆小而机警，善奔走。繁殖期成对活动，非繁殖期以家族或小群活动，迁徙时会集大群。常在浅水处或水域附近地势较高的草甸上行走觅食。主要以各种小型鱼类、虾、蛙、水生昆虫为食，也食植物的嫩芽、叶，以及玉米、小麦等农作物。

黄河湿地监测及分析　黄河湿地罕见，孟津湿地有记录，为迷鸟。

蓑羽鹤　（李长看　摄）

76. 灰鹤

中文名称　灰鹤
拉丁学名　*Grus grus*
英文名称　Common Crane
分类地位　鹤形目鹤科
保护级别　国家二级保护

形态特征　体长 125 cm，中型鹤。通体灰色；前额黑色，头顶部裸露，呈红色，头及颈深黑灰色。自眼后有一道宽的白色条纹伸至颈背。体羽余部灰色，背部及长而密的三级飞羽略沾褐色。虹膜：褐色；喙：黄绿色；脚：黑灰色。

生活习性　集群栖于河滩、沼泽平原地带。清晨和傍晚觅食，以嫩草、种子、软体动物等为食。鸣叫声响亮。

黄河湿地监测及分析　黄河湿地分布广泛，种群较大，为冬候鸟。

灰鹤　（李长看　摄）

灰鹤（左、中成鸟右亚成鸟） （李长看 摄）

77. 白 头 鹤

中文名称　白头鹤
拉丁学名　*Grus monacha*
英文名称　Hooded Crane
分类地位　鹤形目鹤科
保护级别　国家一级保护

形态特征　体长 92~97 cm。通体灰黑色，头颈白色，顶、额黑，头顶皮肤裸露呈红色；两翅灰黑色，飞行时飞羽黑色。虹膜：红色；喙：黄绿色；腿：灰黑色。

生活习性　性机警。常成对或成家族群活动，有时也见单独活动或由不同家族群组成松散群体活动。常边走边在泥地上挖掘觅食。喜在浅水面挖掘水生植物的嫩叶、根、茎和种子等。

黄河湿地监测及分析　黄河湿地有分布，多与灰鹤混群，罕见，为旅鸟或冬候鸟。

白头鹤　（李艳霞　摄）

白头鹤 （王恒瑞 摄）

九、鸻形目 Charadriiformes

为中小型涉禽，雌雄鸟相似。眼先被羽；喙细而直，部分种类向上或向下弯曲；翅形尖，或长或短，第一枚初级飞羽较第二枚长或与之等长。胫和脚均较长，胫的下部裸出；趾间无蹼或具不发达蹼，后趾小或缺，存在时位置亦较其他趾稍高。

世界性分布，繁殖于北半球，春秋集大群迁徙。鸻形目包括19科、90属、403种。中国分布有13科、48属、139种，黄河（河南段）湿地分布有9科、54种。

黑翅长脚鹬 （李长看 摄）

（十一）鹮嘴鹬科 Ibidorhynchidae

78. 鹮 嘴 鹬

中文名称　鹮嘴鹬
拉丁学名　*Ibidorhyncha struthersii*
英文名称　Ibisbill
分类地位　鸻形目鹮嘴鹬科
保护级别　国家二级保护

形态特征　体长 39～41 cm。腿及喙红色，喙细长且下弯。上体和胸部灰色，腹部白色；一道黑白色的横带将胸部与腹部隔开；翼下白色，翼上中心具大片白色斑。虹膜：褐色；喙：红色；腿：红色。

生活习性　性机警，如受惊则边叫边飞走。常单独或成十余只小群活动，用长而弯的嘴在砾石缝中探觅食物。主要以蠕虫、昆虫为食，也吃小鱼、虾和软体动物等。

黄河湿地监测及分析　黄河中游湿地有分布，罕见，三门峡湿地有多处监测记录，为留鸟。

鹮嘴鹬　（李长看　摄）

（十二）反嘴鹬科 Recurvirostridae

79. 黑翅长脚鹬

中文名称	黑翅长脚鹬
拉丁学名	*Himantopus himantopus*
英文名称	Black-winged Stilt
分类地位	鸻形目反嘴鹬科
保护级别	三有

形态特征 体长约37 cm。体修长，通体黑白分明，体羽白色，颈背具黑色斑块；喙细长；两翼黑色；腿红色修长，飞行时长腿拖于尾后。雄鸟繁殖羽：额白色，头顶至后颈黑色。雌鸟繁殖羽：头颈均为白色，眼后有灰色斑。幼鸟褐色较浓，头顶及颈背沾灰色。虹膜：粉红色；喙：黑色；腿：鲜红色。

生活习性 栖息于沿海浅水及淡水沼泽地带。由于腿较长，可在水位较深的池塘、沼泽涉水觅食。主食软体动物、甲壳动物、昆虫、小鱼和蝌蚪等。

黄河湿地监测及分析 黄河湿地常见，小种群活动。为夏候鸟。

▲ 黑翅长脚鹬亚成鸟 （李长看 摄）

▲ 黑翅长脚鹬的卵 （耿思玉 摄）

黑翅长脚鹬 （王恒瑞 摄）

80. 反 嘴 鹬

中文名称　反嘴鹬
拉丁学名　*Recurvirostra avosetta*
英文名称　Pied Avocet
分类地位　鸻形目反嘴鹬科
保护级别　三有

形态特征　体长约43 cm，黑白色鹬。长腿灰色，喙细长而上翘，因此得名。飞行时从下面看体羽全白色，仅翼尖黑色，具黑色的翼上横纹及肩部条纹。虹膜：褐色；喙：黑色；脚：蓝灰色。

生活习性　主要栖息于湖泊、沼泽等湿地生境。以甲壳动物、软体动物、水生昆虫等小型无脊椎动物为食。善游泳；飞行时快速振翅并做长距离滑翔。遇敌害时，成鸟佯装断翅表演，以将捕食者从幼鸟身边引开。

黄河湿地监测及分析　黄河湿地可见小种群，为旅鸟或冬候鸟。

反嘴鹬 （王恒瑞 摄）

反嘴鹬　（王恒瑞　摄）

（十三）鸻科 Charadriidae

81. 凤头麦鸡

中文名称　凤头麦鸡
拉丁学名　*Vanellus vanellus*
英文名称　Northern Lapwing
分类地位　鸻形目鸻科
保护级别　三有

形态特征　全长 29～34 cm，黑白色麦鸡。上体具绿黑色金属光泽；尾白色而具宽的黑色次端带；头顶具细长而稍向前弯的黑色冠羽，甚为醒目；头顶色深，耳羽黑色，头侧及喉部污白色；胸近黑色；腹白色。虹膜：褐色；喙：近黑色；腿：橙褐色。

生活习性　栖息地通常在湿地、水塘、水渠、沼泽等，有时也远离水域，如农田、旱草地和高原地区。主食昆虫、蛙类、小型无脊椎动物，也取食杂草种子及植物嫩叶。

黄河湿地监测及分析　黄河湿地有较大种群分布，为旅鸟，部分为冬候鸟。

凤头麦鸡　（马继山　摄）

凤头麦鸡 （马继山 摄）

82. 灰 头 麦 鸡

中文名称　灰头麦鸡
拉丁学名　*Vanellus cinereus*
英文名称　Grey-headed Lapwing
分类地位　鸻形目鸻科
保护级别　三有

形态特征　体长约35 cm。头、颈、胸灰色，胸腹之间具一黑色环带，背、肩、翼上覆羽灰褐色，腰与尾上覆羽白色，尾羽白色，端部黑色，初级飞羽黑色，次级、三级飞羽白色。虹膜：红色；喙：黄色，端黑色；腿：黄色。

生活习性　主要栖息于沼泽、湿地、农田。主食昆虫、螺、蚯蚓等无脊椎动物，亦食植物叶片及种子。

黄河湿地监测及分析　黄河湿地有分布，为夏候鸟或留鸟。

灰头麦鸡育雏　（李振中　摄）

灰头麦鸡 （李长看 摄）

83. 金鸻

中文名称　金鸻
拉丁学名　*Pluvialis fulva*
英文名称　Pacific Golden Plover
分类地位　鸻形目鸻科
保护级别　三有

形态特征　体长约 25 cm。头大，喙短厚；繁殖期上体黑色，密布金黄色斑点，又名金斑鸻；下体黑色；自额经眉纹、颈侧到胸侧有一条显著的白带。冬羽上体金棕色，边缘淡黄色，下体灰白色。虹膜：褐色；喙：黑色；脚：灰色。

生活习性　主要栖息于河流、湖泊、沿海滩涂及农田等开阔多草地区；性羞怯而胆小，受惊即鸣叫着飞离。主要以昆虫、软体动物、甲壳动物为食。

黄河湿地监测及分析　黄河湿地有小种群分布，为旅鸟。

◀ 金鸻繁殖羽 （杨旭东 摄）

▲ 金鸻非繁殖羽 （郭文 摄）

84. 灰 鸻

中文名称	灰鸻
拉丁学名	*Pluvialis squatarola*
英文名称	Grey Plover
分类地位	鸻形目鸻科
保护级别	三有

形态特征 体长 27～32 cm，又名灰斑鸻。喙短厚；上体为褐灰色带白色；下体从眼眉到腹部为黑色，颈侧夹有白色，尾下白色；白色的下翼基部成黑色块斑；飞行时翼纹和腰部偏白，翼尖黑色。虹膜：褐色；喙：黑色；腿：灰色。

生活习性 常集小群活动。在潮间带沿海滩涂及沙滩取食。觅食时行动较缓慢，常慢走几步低头啄食后，再抬头观望四周动静。主要以昆虫、小鱼、虾、蟹、牡蛎及其他软体动物为食。

黄河湿地监测及分析 黄河湿地有分布，罕见，为旅鸟。

◀ 灰鸻繁殖羽 （杜卿 摄）

▲ 灰鸻冬羽 （杜卿 摄）

85. 长 嘴 剑 鸻

中文名称　长嘴剑鸻
拉丁学名　*Charadrius placidus*
英文名称　Long-billed Plover
分类地位　鸻形目鸻科
保护级别　三有

形态特征　中小型涉禽，体长 18~23 cm。颏、喉、前颈、眉纹白色，耳羽黑褐色。头顶前部具黑色带斑。上体灰褐色，后颈的白色领环延至胸前，其下部是一黑色胸带；下体余部皆白色。虹膜：褐色；喙：黑色；脚：黄色。

生活习性　主要栖息于湖泊、盐碱沼泽、河流岸边。迁徙性鸟类，具有极强的飞行能力。主食昆虫和甲壳动物。

黄河湿地监测及分析　黄河湿地有小种群分布，为冬候鸟或旅鸟。

长嘴剑鸻　（李长看　摄）

86. 金眶鸻

中文名称	金眶鸻
拉丁学名	*Charadrius dubius*
英文名称	Little Ringed Plover
分类地位	鸻形目鸻科
保护级别	三有

形态特征 体长约 16 cm。眼眶金黄色而有别于其他鸻类。上体沙褐色，额具有一宽阔的黑色横带；下体白色，颈部具显著的黑色颈环。虹膜：灰色；喙：黑色；腿：黄色。

生活习性 主要栖息于河流、湖泊、沼泽地带及沿海滩涂。单个或成对活动，活动时行走速度甚快，常走走停停。主要以昆虫、软体动物、甲壳动物等为食。

黄河湿地监测及分析 黄河湿地分布广泛，成小种群栖息活动，为夏候鸟。

◀ 金眶鸻的卵 （李长看 摄）

▲ 金眶鸻 （李长看 摄）

87. 环 颈 鸻

中文名称　环颈鸻
拉丁学名　*Charadrius alexandrinus*
英文名称　Kentish Plover
分类地位　鸻形目鸻科
保护级别　三有

形态特征　体长约 15 cm。上体沙褐色，下体白色；因颈部形成白色领圈，而得名环颈鸻。飞行时翼上具白色横纹，尾羽外侧更白。虹膜：褐色；喙：黑色；脚：黑色。与金眶鸻的区别：没有金黄色眼眶，腿黑色，黑色领环在胸前断开。

生活习性　主要栖息于沿海海岸，河口沙洲，内陆河流、湖泊等。边快速奔走,边觅食。主要以昆虫、软体动物和蠕虫为食。

黄河湿地监测及分析　黄河湿地有小种群分布，为夏候鸟或留鸟。

▲ 环颈鸻　（王恒瑞　摄）

▲ 环颈鸻　（李长看　摄）

蒙古沙鸻 （郭浩 摄）

88. 蒙 古 沙 鸻

中文名称	蒙古沙鸻
拉丁学名	*Charadrius mongolus*
英文名称	Lesser Sand Plover
分类地位	鸻形目鸻科
保护级别	三有

形态特征 体长 18～20 cm。上体灰褐色，喙粗短。夏季雄鸟颊和喉白色，额具黑带；胸和颈棕红色，飞行时白色的翼上横纹较模糊不清。冬季羽色淡，胸部棕红色消失，眉纹白色。虹膜：褐色；喙：黑色；脚：深灰色。

生活习性 迁徙季节和越冬期喜集群活动。常在水边沙滩上边走边觅食。以昆虫、软体动物、螺类等小型动物为食。

黄河湿地监测及分析 黄河湿地有小种群分布，为旅鸟。

89. 铁 嘴 沙 鸻

中文名称　铁嘴沙鸻
拉丁学名　*Charadrius leschenaultii*
英文名称　Greater Sand Plover
分类地位　鸻形目鸻科
保护级别　三有

形态特征　体长 21～23 cm。上体暗沙色，下体白色。额白色，额上部两眼之间具有一黑色横带，飞翔时白色翼带明显。雄鸟繁殖羽胸带栗红棕色，雌鸟繁殖羽胸带栗色淡，中间常断开。虹膜：褐色；喙：黑色，短且厚；脚：黄灰色。

生活习性　主要栖息于河口、湖泊、沼泽、水田及盐碱滩。常集群活动，善在地上奔跑。主要以昆虫、甲壳动物、软体动物为食。

黄河湿地监测及分析　黄河湿地有分布，罕见，为旅鸟。

◀ 雌鸟

▼ 雄鸟

铁嘴沙鸻 （吴新亚　摄）

东方鸻 （赵宗英 摄）

90. 东 方 鸻

中文名称　东方鸻
拉丁学名　*Charadrius veredus*
英文名称　Oriental Plover
分类地位　鸻形目鸻科
保护级别　三有

形态特征　体长约24 cm，体型中等。上体全褐色，无翼上横纹；前颈部棕色，胸部栗棕色，具有一宽的黑色条带；下体白色。繁殖期前额、眉纹、头两侧和喉白色，头顶和背部褐色。冬季胸带宽，棕色，脸偏白色。虹膜：淡褐色；喙：棕色；脚：黄色至偏粉色。

生活习性　主要栖息于湖泊、盐碱沼泽、河流岸边。多在水边浅水处和沙滩快速奔跑、觅食。主食昆虫和甲壳动物。

黄河湿地监测及分析　黄河湿地有小种群分布，为旅鸟或夏候鸟。

（十四）彩鹬科 Rostratulidae

91. 彩 鹬

中文名称　彩鹬
拉丁学名　*Rostratula benghalensis*
英文名称　Greater Painted-snipe
分类地位　鸻形目彩鹬科
保护级别　三有

形态特征　体长约 25 cm，体型中等。喙细长，先端膨大并向下弯曲。雌鸟较雄鸟体大，羽色更艳丽。雌鸟头部及胸部深栗色，眼周白色并向后延伸，顶纹黄色，胸部、尾下覆羽白色，背部两侧具黄色纵带，背上具白色的"V"形纹并有白色条带绕肩至白色的下体。雄鸟色暗，具杂斑，翼覆羽具淡黄色点斑，眼斑黄色。虹膜：红色；喙：黄色；脚：近黄色。

生活习性　主要栖息于沼泽、芦苇水塘。性胆怯，白天常隐藏在草丛中，多在晨昏和夜间活动。彩鹬为一雌多雄制，雌鸟产数窝卵，由不同雄鸟孵化。主食虾、螺和昆虫等小型动物，亦食植物芽、叶等。

黄河湿地监测及分析　黄河湿地有分布，罕见，为夏候鸟。

彩鹬（左雄右雌）　（齐保林　摄）

彩鹬（雄性育雏）　（肖书平　摄）

（十五）水雉科 Jacanidae

92. 水 雉

中文名称　水雉
拉丁学名　*Hydrophasianus chirurgus*
英文名称　Pheasant-tailed Jacana
分类地位　鸻形目水雉科
保护级别　国家二级保护

形态特征　体长约 33 cm。尾羽特长，深褐色及白色。飞行时白色翼明显。非繁殖羽头顶、背及胸上横斑灰褐色；颏、前颈、眉、喉及腹部白色；两翼近白色。黑色的贯眼纹下延至颈侧，下枕部金黄色。初级飞羽羽尖特长，形状奇特。虹膜：黄色；嘴：繁殖期黄色、灰蓝色；脚：繁殖期棕灰色偏蓝色。

生活习性　主要栖息于挺水植物、漂浮植物丰富的淡水湖泊、沼泽和池塘等生境；常在睡莲及荷花的叶片上行走。挑挑拣拣地找食，间或短距离跃飞到新的取食点。主要以甲壳动物、软体动物、昆虫和菱角等植物为食。

黄河湿地监测及分析　黄河湿地有小种群分布，为夏候鸟。

水雉 （李艳霞　摄）

水雉 （蔺艳芳 摄）

水雉 （王恒瑞 摄）

（十六）鹬科 Scolopacidae

93. 丘鹬

中文名称　丘鹬
拉丁学名　*Scolopax rusticola*
英文名称　Eurasian Woodcock
分类地位　鸻形目鹬科
保护级别　三有

形态特征　体长 33～35 cm。喙长且直；头顶及颈背具深棕色与浅黄色条纹相间。前额浅黄色，上体暖棕色。翅较宽。翼上覆羽、肩羽、特别是三级飞羽带有黑灰色复杂图案。下体有暗棕色窄横纹。虹膜：褐色；喙：基部偏粉，端黑；脚：粉灰色。

生活习性　性隐蔽。常单独生活。白天隐蔽，伏于地面，夜晚飞至开阔地进食。起飞时振翅嗖嗖作响。主要以昆虫、蚯蚓、蜗牛等小型无脊椎动物为食，有时也食植物的根、浆果和种子。

黄河湿地监测及分析　黄河湿地有小种群分布，为旅鸟或冬候鸟。

丘鹬　（吴新亚　摄）

94. 针 尾 沙 锥

中文名称	针尾沙锥
拉丁学名	*Gallinago stenura*
英文名称	Pintail Snipe
分类地位	鸻形目鹬科
保护级别	三有

形态特征 体长 21~28 cm，敦实而腿短。头部暗灰棕色，带有淡黄色条纹；上体棕色，具白、黄及黑色的纵纹；下体白色，胸沾赤褐色且多具黑色细斑。虹膜：褐色；喙：褐色，嘴端深色；脚：偏黄。与扇尾沙锥及大沙锥较难区分，但体型相对较小，尾较短，飞行时黄色的脚探出尾后较多，叫声也不同。

生活习性 常单独或集小群活动觅食，用喙在地面探寻猎物。主要以昆虫、甲壳动物和软体动物等小型无脊椎动物为食。

黄河湿地监测及分析 黄河湿地有小种群分布，为旅鸟。

针尾沙锥 （李艳霞 摄）

95. 大 沙 锥

中文名称　大沙锥
拉丁学名　*Gallinago megala*
英文名称　Swinhoe's Snipe
分类地位　鸻形目鹬科
保护级别　三有

形态特征　体长 27~29 cm。两翼长而尖，头形大而方，喙长。黑色的过眼纹在基部非常窄，眉纹很宽。外侧尾羽色浅。虹膜：褐色；喙：褐色；脚：灰色。

生活习性　常单独或集小群活动觅食，用喙在地面探寻猎物。惊飞时只做短距离直线飞行即降落，飞行较缓慢。主要以昆虫、环节动物、蚯蚓、甲壳动物等小型无脊椎动物为食。

黄河湿地监测及分析　黄河湿地有分布，罕见，为旅鸟。

大沙锥　（魏谨　摄）

96. 扇尾沙锥

中文名称　扇尾沙锥
拉丁学名　*Gallinago gallinago*
英文名称　Common Snipe
分类地位　鸻形目鹬科
保护级别　三有

形态特征　体长 26 cm，色彩明快。上体深褐色，上背部具两条浅棕色条纹，两翼细而尖；下体黄色，胁部具褐色纵纹，腹部白色。尾羽展开时呈扇形而得名。虹膜：褐色；喙：褐色；脚：橄榄色。

生活习性　主要栖息于河流、湖泊、苔原、沼泽以及草原等多种生境。喜阴暗潮湿的地方，白天多隐藏于植物中，晨昏或夜间活动觅食。主要以昆虫、蠕虫、蚯蚓和软体动物为食。

黄河湿地监测及分析　黄河湿地有分布，较为常见，为冬候鸟或旅鸟。

扇尾沙锥　（马继山　摄）

扇尾沙锥　（蔺艳芳　摄）

97. 半蹼鹬

中文名称　半蹼鹬
拉丁学名　*Limnodromus semipalmatus*
英文名称　Asian Dowitcher
分类地位　鸻形目鹬科
保护级别　国家二级保护

形态特征　体长 31～36 cm。繁殖羽整体锈棕色，眼先有暗色条纹，嘴、下颏部有白斑。上体暗棕色，所有羽毛都有褐色边缘。非繁殖羽浅灰棕色，上体羽毛具浅色边缘，下体具浅横纹。脸颊色浅，具黑色眼先和浅色眉纹。虹膜：褐色；喙：黑色，长且直；腿：黑色。

生活习性　集群迁徙。觅食时将喙垂直向下插入泥水中，再垂直拔出。主要以昆虫、蠕虫和软体动物为食。

黄河湿地监测及分析　黄河湿地有分布，罕见，为旅鸟。

半蹼鹬　（郭文　摄）

▲ 黑尾塍鹬 （杨旭东 摄）

▲ 黑尾塍鹬 （李长看 摄）

98. 黑 尾 塍 鹬

中文名称	黑尾塍鹬
拉丁学名	*Limosa limosa*
英文名称	Black-tailed Godwit
分类地位	鸻形目鹬科
保护级别	三有

形态特征 体长 35～43 cm，长腿、长嘴，涉禽。过眼线显著，上体杂斑少，尾前半部近黑色，白色的翼上横斑明显，腰及尾基白色。虹膜：褐色；喙：基粉色，端渐深；脚：绿灰色。

生活习性 主要栖息于沿海泥滩、河流两岸及湖泊。迁徙过境时，常集小群或数千只大群活动，并与其他鹬类混群。以昆虫、蠕虫、软体动物、环节动物及植物种子等为食。

黄河湿地监测及分析 黄河湿地有小种群分布，罕见，为旅鸟。

99. 斑尾塍鹬

中文名称	斑尾塍鹬
拉丁学名	*Limosa lapponica*
英文名称	Bar-tailed Godwit
分类地位	鸻形目鹬科
保护级别	三有

形态特征 体长 37～42 cm。嘴略向上翘；上体具灰褐色斑驳，具显著的白色眉纹；下体胸部沾灰；尾带横纹；腿略短而显敦实。飞行缺少白色翼斑，翼下为白色，上体的羽毛边缘栗色。虹膜：褐色；嘴：基粉色，端渐深；脚：绿灰色。

生活习性 迁徙时常集成数十只至上千只。长距离迁徙，我国沿海滩涂是其重要的停歇地。以啄食或探取的方式捕食螺类、螃蟹、鱼类等。

黄河湿地监测及分析 黄河湿地有分布，罕见，为旅鸟。

▲ 斑尾塍鹬 （郭文 摄）

▲ 斑尾塍鹬 （李艳霞 摄）

▲ 中杓鹬 （冯克坚 摄）

▲ 中杓鹬 （李艳霞 摄）

100. 中 杓 鹬

中文名称　中杓鹬
拉丁学名　*Numenius phaeopus*
英文名称　Whimbrel
分类地位　鸻形目鹬科
保护级别　三有

形态特征　体长 40～46 cm。上体暗棕色，下体浅黄色。头顶有两道显著的暗色侧冠纹，被中间浅色的冠纹所隔开，具黑色顶纹；浅棕色的眉纹和窄而暗色过眼纹显著。虹膜：褐色；喙：黑色，长而下弯；脚：蓝灰色。

生活习性　通常单独或集小群活动。以啄食方式边走边觅食，主要以昆虫、甲壳动物和软体动物等小型无脊椎动物为食。

黄河湿地监测及分析　黄河湿地有小种群分布，为旅鸟。

101. 小 杓 鹬

中文名称　小杓鹬
拉丁学名　*Numenius minutus*
英文名称　Little Curlew
分类地位　鸻形目鹬科
保护级别　国家二级保护

形态特征　体长 28～34 cm，小型涉禽。喙长，下弯；冠纹显著，皮黄色的中央冠纹，黑色的两侧冠纹，一条黑褐色的贯眼纹，一条白色的眉纹；上体是黑褐色，具皮黄白色的羽缘，呈斑驳状；胸部和前颈呈皮黄色，具细黑褐色条纹；腹部白色，两肋有黑褐色横斑。虹膜：褐色；喙：褐色，喙基呈肉红色；脚：蓝灰色。

生活习性　主要栖息于沼泽湿地、水田、荒地及海岸附近地带。常集小群活动。涉水于浅滩淤泥中，啄食昆虫、甲壳动物和软体动物等，有时也吃藻类和植物种子。

黄河湿地监测及分析　黄河郑州段湿地有分布，罕见，为旅鸟。

小杓鹬　（蔺艳芳　摄）

小杓鹬 （蔺艳芳 摄）

白腰杓鹬 （杨旭东 摄）

102. 白 腰 杓 鹬

中文名称 白腰杓鹬
拉丁学名 *Numenius arquata*
英文名称 Eurasian Curlew
分类地位 鸻形目鹬科
保护级别 国家二级保护

形态特征 体长约 55 cm。头顶及上体淡褐色，密布黑褐色羽干纹。下背、腰及尾上覆羽白色，下背具细的灰褐色羽干纹。尾上覆羽变为较粗的黑褐色羽干纹；尾羽白色，具细窄黑褐色横斑。虹膜：褐色；喙：褐色，长而下弯；脚：青灰色。

生活习性 主要栖息于湖泊、河口、河流岸边和附近的沼泽地带、草地及耕地。性机警，活动时环顾周边。以甲壳动物、软体动物、昆虫等无脊椎动物为食，也取食植物种子、浆果等。

黄河湿地监测及分析 黄河湿地有小种群分布，为旅鸟。

白腰杓鹬 （杨旭东 摄）

103. 大 杓 鹬

中文名称　大杓鹬
拉丁学名　*Numenius madagascariensis*
英文名称　Far Eastern Curlew
分类地位　鸻形目鹬科
保护级别　国家二级保护

形态特征　体长约 63 cm，体型硕大。体羽黄棕色，胸部和胁部多纵纹，翼部密布棕色横纹；下背及尾部褐色，下体皮黄色。虹膜：褐色；喙：喙基粉红，端部黑色，长而下弯；脚：灰色。

生活习性　主要栖息于低山丘陵和平原地带的河流、湖泊、芦苇沼泽、水塘及水稻田边。主要以软体动物、甲壳动物、昆虫等为食。

黄河湿地监测及分析　黄河湿地有小种群分布，为旅鸟。

大杓鹬　（李艳霞　摄）

大杓鹬 （李艳霞 摄）

中文名称　鹤鹬
拉丁学名　*Tringa erythropus*
英文名称　Spotted Redshank
分类地位　鸻形目鹬科
保护级别　三有

形态特征　体长约 30 cm，中等体型，灰色涉禽。喙长且直；繁殖羽黑色具白色点斑；冬季似红脚鹬；过眼纹明显，两翼色深并具白色点斑，飞行时脚伸出尾后较长。虹膜：褐色；喙：黑色，喙基红色；脚：橘黄。

生活习性　主要栖息于鱼塘、沿海滩涂及沼泽地带。常将头和脖子完全没入水中取食，以昆虫、软体动物、小虾、小鱼等为食。

黄河湿地监测及分析　黄河湿地有小种群分布，为旅鸟或夏候鸟。

鹤鹬繁殖羽　（李长看　摄）

鹤鹬冬羽 （马继山 摄）

105. 红 脚 鹬

中文名称　红脚鹬
拉丁学名　*Tringa totanus*
英文名称　Common Redshank
分类地位　鸻形目鹬科
保护级别　三有

形态特征　体长 26～28 cm。上体灰褐色，下体白色，胸具褐色纵纹。较鹤鹬体型小，矮胖，喙较短较厚。虹膜：褐色；喙：基部红色，端黑；脚：橙红色。

生活习性　主要栖息于海滨、河湖岸边及沼泽湿地。常集群活动。以昆虫、软体动物、甲壳动物、蠕虫等为食。

黄河湿地监测及分析　黄河湿地有分布，罕见，为旅鸟。

◀ 红脚鹬 （蔺艳芳 摄）

▲ 红脚鹬 （杨旭东 摄）

泽鹬 （郭文 摄）

106. 泽 鹬

中文名称	泽鹬
拉丁学名	*Tringa stagnatilis*
英文名称	Marsh Sandpiper
分类地位	鸻形目鹬科
保护级别	三有

形态特征　体长 22～26 cm。额白，嘴黑而细直；上体灰褐色，腰及下背白色，下体白色；腿长而偏绿色；两翼及尾近黑，眉纹较浅。与青脚鹬区别在体型较小，额部色浅，腿相应地长且细，喙较细而直。虹膜：褐色；喙：黑色；脚：偏绿色。

生活习性　常集群活动，迁徙期常与青脚鹬混群。在泥滩上啄食，在浅水水域用喙在水中左右扫动，在较深的水域将头埋入水中探食。

黄河湿地监测及分析　黄河湿地有分布，偶见，为旅鸟。

青脚鹬 （李长看 摄）

107. 青 脚 鹬

中文名称　青脚鹬
拉丁学名　*Tringa nebularia*
英文名称　Common Greenshank
分类地位　鸻形目鹬科
保护级别　三有

形态特征　体长约 32 cm。喙长而粗，略向上翻；上体灰色具杂色斑纹，背部白色条纹于飞行时尤为明显；两翼及下背色深，几乎全黑；下体白色，喉、胸部及两胁具褐色纵纹，翼下具深色细纹。虹膜：褐色；喙：灰色，端黑色；脚：黄绿色。

生活习性　主要栖息于河口、海岸地带、湖泊、沼泽地带。常单独或成对在浅水处涉水觅食，主要以水生昆虫、螺、虾、小鱼等为食。

黄河湿地监测及分析　黄河湿地有分布，为旅鸟。

108. 白 腰 草 鹬

中文名称　白腰草鹬
拉丁学名　*Tringa ochropus*
英文名称　Green Sandpiper
分类地位　鸻形目鹬科
保护级别　三有

形态特征　体长约 32 cm。体型矮壮，上体深褐色；前额、头顶、后颈黑褐色具白色条纹；前颈、胸部和上胁部具灰棕色条纹；下体和腰部白色，尾白色具有黑色横斑。虹膜：褐色；喙：暗绿色；脚：暗绿色。

生活习性　主要栖息于河流、湖泊、沼泽和水塘附近。常在浅水或地面啄食，主要以小型无脊椎动物为食。

黄河湿地监测及分析　黄河湿地有分布，较为常见，为冬候鸟。

白腰草鹬　（李菁钰　摄）▶

▲　白腰草鹬　（李长看　摄）

109. 林 鹬

中文名称	林鹬
拉丁学名	*Tringa glareola*
英文名称	Wood Sandpiper
分类地位	鸻形目鹬科
保护级别	三有

形态特征 体长约 20 cm，纤细。体羽灰褐色。上体灰褐色具白色斑点；下体及腰部白色，尾部白色具褐色横斑。眉纹和喉部白色。虹膜：褐色；喙：黑色；脚：淡黄至橄榄绿色。

生活习性 主要栖息于林中或林缘湖泊、沼泽、水塘和溪流岸边。性胆怯而机警，常沿水行走中觅食。主要以昆虫、软体动物、甲壳动物等小型无脊椎动物为食。

黄河湿地监测及分析 黄河湿地有小种群分布，为旅鸟或夏候鸟。

林鹬 （肖书平 摄）

林鹬 （李长看 摄）

林鹬 （蔺艳芳 摄）

110. 翘 嘴 鹬

中文名称　翘嘴鹬
拉丁学名　*Xenus cinereus*
英文名称　Terek Sandpiper
分类地位　鸻形目鹬科
保护级别　三有

形态特征　体长约 23 cm，矮小的灰色鹬。因喙长、上翘而得名。上体灰色，具白色半截眉纹，但不明显。黑色的初级飞羽明显；繁殖期肩羽具黑色条纹。腹部及臀白色。飞行时翼上狭窄的白色内缘明显。非繁殖期羽色淡，条纹少。虹膜：褐色；喙：黑色；脚：橘黄色，较短。

生活习性　性活泼，常集小群，或与其他鸻鹬混群觅食；常在水边或潮汐线上取食；跑动时弯腰，身体前倾。主要以甲壳动物、软体动物、蠕虫、昆虫等小型无脊椎动物为食。

黄河湿地监测及分析　黄河湿地有小种群分布，为旅鸟。

翘嘴鹬　（郭浩　摄）

中文名称　矶鹬
拉丁学名　*Actitis hypoleucos*
英文名称　Common Sandpiper
分类地位　鸻形目鹬科
保护级别　三有

形态特征　体长约 20 cm。上体褐色，飞羽近黑色，具有白眼圈，眉纹白色；下体白色，上胸有细的黑色纵斑。翼角前方有由胸腹部延伸的白色横斑。飞行时具有明显的折色翼带。外侧尾羽白色，上有黑斑。虹膜：褐色；喙：深灰色；脚：浅绿色。

生活习性　主要栖息于滩涂、沙洲、稻田及溪流、河流两岸，喜欢沿水边跑跑停停，行走时头不停地点动，停息时尾羽不停地上下摆动。以昆虫、螺类、蠕虫等无脊椎动物为食。

黄河湿地监测及分析　黄河湿地有小种群分布，为旅鸟或夏候鸟。

矶鹬　（马继山　摄）

翻石鹬 （郭浩 摄）

112. 翻 石 鹬

中文名称	翻石鹬
拉丁学名	*Arenaria interpres*
英文名称	Ruddy Turnstone
分类地位	鸻形目鹬科
保护级别	国家二级保护

形态特征　体长18～24 cm。雄羽色相似，有栗色、白色和黑色显著色斑；繁殖羽上体栗色有白色和黑色斑块，下体白色。特征为胸至眼下黑色。非繁殖羽上体栗色变成褐色，前胸黑色变成黑褐色。虹膜：深褐色；喙：黑色；脚：黑色。

生活习性　因性喜翻石觅食而得名。结小群栖于沿海泥滩、沙滩及海岸石岩。有时在内陆或近海开阔处进食。主要啄食甲壳动物、软体动物、昆虫等小型无脊椎动物为食。也吃少量植物种子和浆果。

黄河湿地监测及分析　黄河湿地有分布，偶见，为旅鸟。

113. 红 颈 滨 鹬

中文名称　红颈滨鹬
拉丁学名　*Calidris ruficollis*
英文名称　**Red-necked Stint**
分类地位　鸻形目鹬科
保护级别　三有

形态特征　体长 13～16 cm，灰褐色。腿黑，上体色浅而具纵纹。繁殖期头、胸、喉部锈红色，头冠有条纹。上背和翼上覆羽灰色带有黑色羽轴和羽尖，下体白色。非繁殖羽上体灰褐，多具杂斑及纵纹；眉线白；腰的中部及尾深褐；尾侧白；下体白。虹膜：褐色；喙：黑色；脚：黑色。

生活习性　常集群活动。觅食时在泥滩上一边行走一边用喙在泥滩表层啄食。主要以昆虫、蠕虫、甲壳动物和软体动物为食。

黄河湿地监测及分析　黄河湿地有小种群分布，为旅鸟。

红颈滨鹬　（蔺艳芳　摄）

114. 青 脚 滨 鹬

中文名称　青脚滨鹬
拉丁学名　*Calidris temminckii*
英文名称　Temminck's Stint
分类地位　鸻形目鹬科
保护级别　三有

形态特征　体长 13～15 cm。灰色、体小、矮壮、腿短。繁殖期上体棕色；胸部具圆形灰色图案，带条纹；肩部羽毛中间黑色，翼上覆羽和三级飞羽边缘棕色和灰色；尾长于拢翼；下体白色。非繁殖羽上体全暗灰；胸部灰棕色，渐变为近白色的腹部；下颏及喉部白色。虹膜：褐色；喙：黑色；脚：黄绿色。

生活习性　单独或集小群活动。受惊时常蹲伏于地，受威胁时能迅速地、几乎垂直地急速升高。主要以昆虫、甲壳动物和环节动物等无脊椎动物为食。

黄河湿地监测及分析　黄河湿地有小种群分布，为旅鸟。

青脚滨鹬　（蔺艳芳　摄）

青脚滨鹬 （阎国伟 摄）

青脚滨鹬 （杨双成 摄）

115. 长趾滨鹬

中文名称　长趾滨鹬
拉丁学名　*Calidris subminuta*
英文名称　Long-toed Stint
分类地位　鸻形目鹬科
保护级别　三有

形态特征　体长 13～16 cm，灰褐色滨鹬。上体具黑色粗纵纹，肩部、覆羽和三级飞羽边缘褐色；头顶褐色，白色眉纹明显；胸浅褐灰，腹白，腰部中央及尾深褐，外侧尾羽浅褐色。繁殖期头顶棕红色，具黑色条纹。非繁殖期灰褐色。虹膜：深褐色；喙：黑色；脚：黄绿色。

生活习性　常单独或成零散的小群活动于池塘、稻田。以各种小型无脊椎动物为食。

黄河湿地监测及分析　黄河湿地有小种群分布，为旅鸟。

长趾滨鹬　（李艳霞　摄）

116. 斑 胸 滨 鹬

中文名称　斑胸滨鹬
拉丁学名　*Calidris melanotos*
英文名称　Pectoral Sandpiper
分类地位　鸻形目鹬科
保护级别　三有

形态特征　体长 19～23 cm，具杂斑褐色滨鹬。喙略下弯。白色眉纹模糊，顶冠近褐色；上体羽毛边缘浅黄色，中间黑色；胸部纵纹密布；腹部白色；下体白色。繁殖期雄鸟胸部偏黑。非繁殖期赤褐色较少。虹膜：褐色；喙：基黄、端黑；脚：黄色。

生活习性　常单独活动，混群于其他鸻鹬中。边走边捡食或在浅水中探食。主要以各种昆虫为食。

黄河湿地监测及分析　黄河湿地罕见，为迷鸟。

斑胸滨鹬　（郭文　摄）

117. 流苏鹬

中文名称　流苏鹬
拉丁学名　*Calidris pugnax*
英文名称　Ruff
分类地位　鸻形目鹬科
保护级别　三有

形态特征　体长23～28 cm，长腿、长颈的鹬类。头小而喙短，繁殖羽呈性二型。雄鸟具颜色多样的蓬松翎领，用于求偶炫耀。上体橘黄至黑色，羽毛具白色边缘。雌鸟背部具鳞片状羽毛，翼上覆羽和上背肩部羽毛中间黑色，边缘浅棕色。非繁殖期雄鸟似雌性。虹膜：褐色；喙：褐色；脚：黄、绿、或橙色。

生活习性　常边走边啄食。主要以甲虫、蟋蟀、蚯蚓、蠕虫等无脊椎动物为食，有时也吃少数植物种子。

黄河湿地监测及分析　黄河湿地有分布，罕见，为旅鸟。

▲ 流苏鹬冬羽 （吴新亚 摄）

▲ 流苏鹬繁殖羽 （宋建超 摄）

弯嘴滨鹬 （郭浩 摄）

118. 弯 嘴 滨 鹬

中文名称 弯嘴滨鹬
拉丁学名 *Calidris ferruginea*
英文名称 Curlew Sandpiper
分类地位 鸻形目鹬科
保护级别 三有

形态特征 体长约 21 cm，嘴长而下弯，腰部白色明显的滨鹬。上体大部灰色，下体白色。眉纹、翼上横纹及尾上覆羽的横斑均白。繁殖羽胸部及通体体羽深棕色，颏白，腰部的白色不明显。冬羽以灰白色为主。虹膜：褐色；喙：黑色；脚：黑色。

生活习性 常集群活动，混群于其他滨鹬群中。飞行快速，常集成紧密的群飞行，甚为协调。主要以甲壳动物、软体动物、蠕虫和水生昆虫为食。

黄河湿地监测及分析 黄河湿地有小种群分布，为旅鸟。

119. 黑 腹 滨 鹬

中文名称　黑腹滨鹬
拉丁学名　*Calidris alpina*
英文名称　Dunlin
分类地位　鸻形目鹬科
保护级别　三有

形态特征　体长约 19 cm，嘴适中，偏灰色。繁殖期上体棕色，下体白色，腹部有大型黑斑；尾中央黑色，两侧白色。非繁殖期上体灰色，下体白色，颈和胸侧有灰褐色纵纹。虹膜：褐色；喙：黑色，较长而微向下弯；脚：绿灰色。

生活习性　常成群活动于海滨、沼泽及江河、湖泊岸边浅水处。以软体动物、昆虫为食。

黄河湿地监测及分析　黄河湿地有小种群分布，为冬候鸟。

◀ 黑腹滨鹬冬羽 　（阎国伟　摄）

▲ 黑腹滨鹬繁殖羽 　（李艳霞　摄）

（十七）燕鸻科 Glareoliade

120. 普 通 燕 鸻

中文名称　普通燕鸻
拉丁学名　*Glareola maldivarum*
英文名称　Oriental Pratincole
分类地位　鸻形目燕鸻科
保护级别　三有

形态特征　体型略小，约 25 cm。喉部黄色具黑色边缘；上体棕褐色具橄榄色光泽，两翼长、近黑色，腹部灰色，尾叉形，覆羽白色。虹膜：深褐色；喙：黑色，喙基猩红；脚：深褐色。

生活习性　栖息于湖泊、河流、水塘和沼泽地带，常成小群活动，频繁地飞翔于水域和沼泽上空，以小鱼、虾等为食。

黄河湿地监测及分析　黄河湿地有小种群分布，为夏候鸟或旅鸟。

▲ 普通燕鸻 （杨旭东　摄）

▲ 普通燕鸻 （李长看　摄）

（十八）鸥科 Laridae

121. 棕 头 鸥

中文名称　棕头鸥
拉丁学名　*Chroicocephalus brunnicephalus*
英文名称　Brown-headed Gull
分类地位　鸻形目鸥科
保护级别　三有

形态特征　体长 40 ~ 46 cm。背灰色，初级飞羽基部具大块白斑，黑色翼尖具白色点斑；下体白色。越冬期眼后具深褐色块斑；繁殖期头及颈褐色。虹膜：淡黄色或灰色；嘴：红色；腿：红色。

棕头鸥与红嘴鸥的成鸟识别要点：棕头鸥体型大；红嘴鸥虹膜褐色；红嘴鸥翼尖没有白斑；棕头鸥翼尖有大块白斑。

生活习性　单独或集群活动，振翅较快。主要以鱼、虾、软体动物、甲壳动物和水生昆虫为食。

黄河湿地监测及分析　黄河湿地有分布，罕见，为旅鸟或冬候鸟。

棕头鸥繁殖羽　（李长看　摄）

棕头鸥冬羽 （李长看　摄）

红嘴鸥亚成鸟（冬羽）　（李长看　摄）

122. 红嘴鸥

中文名称　红嘴鸥
拉丁学名　*Chroicocephalus ridibundus*
英文名称　Black-headed Gull
分类地位　鸻形目鸥科
保护级别　三有

形态特征　体长 40 cm，灰色及白色鸥。头颈暗褐色而又名黑头鸥；上背及覆羽白色，下背、肩、腰为灰色，下体白色。亚成鸟体羽有褐色斑，喙尖黑色。虹膜：褐色；喙：红色；腿：红色。

生活习性　主要栖息于河流、湖泊、沿海，常成群活动于水面。以昆虫、鱼、虾为食。红嘴鸥喜欢追逐舰船，啄食船尾螺旋桨激起的小鱼、虾。

黄河湿地监测及分析　黄河湿地分布广泛，种群较大，为冬候鸟。

红嘴鸥繁殖羽 （李长看 摄）

123. 渔 鸥

中文名称　渔鸥
拉丁学名　*Ichthyaetus ichthyaetus*
英文名称　Pallas's Gull
分类地位　鸻形目鸥科
保护级别　三有

形态特征　体长 58~67 cm，大型鸥类。喙近端处具黑及红色环带，背灰色。繁殖期头黑色，上下眼睑白色。冬羽头白色，眼周具暗斑，头顶有深色纵纹，喙上红色大部分消失。飞行时翼下全白，仅翼尖有小块黑色并具翼镜。虹膜：褐色；喙：黄色；腿：黄绿色。

生活习性　栖息于海岸、海岛、咸水湖泊、河流等。常集群活动。主要捕食鱼类，亦食鸟卵、小型鸟类、蜥蜴、昆虫等动物。

黄河湿地监测及分析　黄河湿地有分布，罕见，为冬候鸟。

渔鸥冬羽　（郭文　摄）

渔鸥繁殖羽 （李长看 摄）

124. 普 通 海 鸥

中文名称　普通海鸥
拉丁学名　*Larus canus*
英文名称　Mew Gull
分类地位　鸻形目鸥科
保护级别　三有

形态特征　体长 44～52 cm。背、肩和翅灰色。头、颈和下体白色。尾白。初级飞羽末端黑色，具大块的白色翼镜。冬季头及颈散见褐色纵纹，有时喙尖有黑色。虹膜：黄色；喙：黄绿色；腿：黄绿色。

生活习性　成对或集小群活动，飞行流畅，振翅充分。以昆虫、软体动物、甲壳动物、鱼类等为食。

黄河湿地监测及分析　黄河湿地有小种群分布，为冬候鸟。

普通海鸥冬羽　（郭文　摄）

125. 西伯利亚银鸥

中文名称	西伯利亚银鸥
拉丁学名	*Larus vegae*
英文名称	Vega Gull
分类地位	鸻形目鸥科
保护级别	三有

形态特征　体长约62 cm，大型灰色鸥类。背部和两翅深灰色，翼端黑色；下体纯白色。亚成鸟体羽密被褐色斑纹。虹膜：浅黄至偏褐色；喙：黄色，具红点；脚：粉红。

生活习性　主要栖息于港湾、岛屿、岩礁和近海沿岸以及湖泊、江河附近。喜集群低飞于水面上空，跟随来往的船舶，索食船中的遗弃物。以鱼、虾、海星和陆地上的蝗虫、鼠类等为食。

黄河湿地监测及分析　黄河湿地分布广泛，种群较大，为冬候鸟。

▲　西伯利亚银鸥（左成鸟右亚成鸟）　（李长看　摄）

▲　西伯利亚银鸥亚成鸟　（李长看　摄）

126. 鸥 嘴 噪 鸥

中文名称　鸥嘴噪鸥
拉丁学名　*Gelochelidon nilotica*
英文名称　Common Gull-billed Tern
分类地位　鸻形目鸥科
保护级别　三有

形态特征　体长 31~39 cm，中等体型浅色燕鸥。尾狭而呈深叉状。夏季头顶全黑，体羽白色；冬季头白，上体灰，颈背具灰色杂斑，黑色块斑过眼，下体白色。虹膜：褐色；嘴：黑色；脚：黑色。

生活习性　单独或集小群活动于湖泊、河流、沼泽等。飞行中用喙在滩涂或水面上轻点觅食，较少俯冲入水觅食。主要以昆虫、蜥蜴和小鱼为食。

黄河湿地监测及分析　黄河湿地有小种群分布，为夏候鸟。

鸥嘴噪鸥　（吴新亚　摄）

▲ 白额燕鸥 （王恒瑞 摄）

▲ 白额燕鸥亚成鸟 （王恒瑞 摄）

127. 白 额 燕 鸥

中文名称	白额燕鸥
拉丁学名	*Sternula albifrons*
英文名称	Little Tern
分类地位	鸻形目鸥科
保护级别	三有

形态特征 体长约 24 cm 的浅色燕鸥。繁殖期头顶、颈背及贯眼纹黑色，因额白色而得名。冬季头顶及颈背黑色减少，仅后顶和枕部黑色。虹膜：褐色；喙：黄色，端（夏）黑；脚：黄色。

生活习性 主要栖息于海岸、河口、沼泽、河流、湖泊等生境。常集群活动，发现猎物，悬停空中，垂直降至水面捕捉，或潜入水中追捕。主要以水生昆虫、鱼、虾为食。

黄河湿地监测及分析 黄河湿地有较大种群分布，为夏候鸟。

普通燕鸥 （李艳霞　摄）

128. 普 通 燕 鸥

中文名称　普通燕鸥
拉丁学名　*Sterna hirundo*
英文名称　Common Tern
分类地位　鸻形目鸥科
保护级别　三有

形态特征　体长约35 cm，体型略小，头顶黑色，尾开叉。上体灰色，下体灰白色，尾深叉形。虹膜：褐色；喙：冬季黑色，夏季红色；脚：偏红色。

生活习性　主要栖息于沿海及内陆水域。飞行有力，从高处冲下水面取食。雄鸟把鱼送给雌鸟以示求爱。主要以小鱼、虾、甲壳动物、昆虫等小型动物为食。

黄河湿地监测及分析　黄河湿地有较大种群分布，为夏候鸟。

129. 灰翅浮鸥

中文名称 灰翅浮鸥
拉丁学名 *Chlidonias hybrida*
英文名称 Whiskered Tern
分类地位 鸻形目鸥科
保护级别 三有

形态特征 体长 23～28 cm，浅色燕鸥，尾浅开叉，又名须浮鸥。繁殖期额黑，胸腹灰色。非繁殖期额白，头顶具细纹，顶后及颈背黑色，下体白，翼、颈背、背及尾上覆羽灰色。虹膜：深褐色；喙：冬季黑色，夏季红色；脚：红色。

生活习性 栖息于河流、湖泊、沼泽等湿地，成群在水面上空飞翔。飞行时常喙朝下，也能悬停。主要以小鱼、虾、水生昆虫等动物为食，兼食部分水生植物。

黄河湿地监测及分析 黄河湿地有分布，为夏候鸟。

灰翅浮鸥 （刘金城 摄）

130. 白 翅 浮 鸥

中文名称	白翅浮鸥
拉丁学名	*Chlidonias leucopterus*
英文名称	White-winged Tern
分类地位	鸻形目鸥科
保护级别	三有

形态特征　体长 20～26 cm，尾浅开叉。繁殖期头、背及胸黑色，与白色尾及浅灰色翼呈明显反差，下体黑色。翼上近白色，翼下覆羽明显黑色。非繁殖期成鸟上体浅灰，头、颈和下体白色，头顶和枕有黑斑并与眼后黑斑相连。虹膜：深褐色；喙：冬季黑色，夏季红色；脚：橙红色。

生活习性　栖息于河流、湖泊、沼泽等湿地，常群飞，不断变化方向。能悬停，用喙轻点水面觅食，主要捕食小鱼、虾、昆虫等动物。

黄河湿地监测及分析　黄河湿地有群分布，罕见，为夏候鸟或旅鸟。

白翅浮鸥 （郭文 摄）

（十九）贼鸥科 Stercorariidae

131. 中 贼 鸥

中文名称　中贼鸥
拉丁学名　*Stercorarius pomarinus*
英文名称　Pomarine Jaeger
分类地位　鸻形目贼鸥科
保护级别　三有

形态特征　体长 46 ～ 51 cm，有两种色型。浅色型头顶黑色，头侧及颈背偏黄色；上体黑褐色，初级飞羽基部淡灰白色；下体白色，体侧及胸带烟灰色；中央尾羽呈勺状，末端钝而宽。深色型体无白色或黄色。虹膜：深色；喙：黑色；脚：黑色。

生活习性　栖息于的近海岸河流，迁徙经停河流、湖泊；单独或成群活动。善飞行，飞行技巧高超，捕食鱼类、雏鸟，常抢夺其他鸟类的食物。

黄河湿地监测及分析　黄河三门峡段湿地有记录，罕见，为迷鸟。

中贼鸥　（郭文　摄）

十、潜鸟目 Gaviiformes

　　大型游禽，体型适于潜水；雌雄同色，体羽以黑色和白色为主，兼有紫色、红色；羽衣厚而致密；翅小而尖，善飞翔；腿强而有力，位置后移，裸露无羽；前3趾具蹼，后趾短小，适于潜水。主要繁殖于淡水湖泊、河流；越冬于沿海。主要以鱼类为食。所有种类具迁徙习性。

　　主要分布于北半球寒带和温带水域，全世界仅1科、1属、5种。中国分布有4种，主要越冬于东部沿海，部分繁殖于北方内陆。黄河（河南段）湿地分布有1科、1种。

黑喉潜鸟　（郭文　摄）

（二十）潜鸟科 Gaviidae

132. 黑 喉 潜 鸟

中文名称	黑喉潜鸟
拉丁学名	*Gavia arctica*
英文名称	Arctic Loon
分类地位	潜鸟目潜鸟科
保护级别	三有

形态特征　体长 56~75 cm，体型略大的潜鸟。繁殖期头灰色，喉及前颈呈墨绿色；颈侧及胸部具黑白色细纵纹；上体黑色具白色方形横纹；非繁殖期下体白色上延及颈侧、颏及脸下部，两胁白色斑块明显。虹膜：红色；喙：灰色；脚：黑色。

生活习性　单独或成对活动于中大型的水域，冬季也到咸水水域活动。喜欢潜水觅食，也会在水面追捕鱼群；主要以鱼类、甲壳动物、软体动物等为食。

黄河湿地监测及分析　黄河湿地罕见，三门峡有记录，为迷鸟。

黑喉潜鸟　（郭文　摄）

十一、鹳形目 Ciconiiformes

　　大中型涉禽，雌雄相似。颈、喙、腿皆长，适于涉水生活；喙型侧扁而长直；胫的下部裸出；趾细长，后趾发达，与前趾同在一平面上，适于抓握树枝。涉水捕食蛙、鱼、虾及其他小型水生动物；营巢于高大树木、悬崖、输电线塔；雏鸟晚成性。

　　世界性分布，广布于内陆及沿海地带。鹳形目包括1科、6属、19种。中国分布有1科、4属、7种，黄河（河南段）湿地分布有1科、2种。

黑鹳亚成鸟　（李长看　摄）

（二十一）鹳科 Ciconiidae

133. 黑 鹳

中文名称　黑鹳
拉丁学名　*Ciconia nigra*
英文名称　Black Stork
分类地位　鹳形目鹳科
保护级别　国家一级保护

形态特征　体长约100 cm的黑色鹳。眼周裸露皮肤红色。上体、前胸、颈部黑色，黑色部位具绿色和紫色的光泽；下胸、腹部及尾下白色。飞行时翼下黑色，仅三级飞羽及次级飞羽内侧白色。亚成鸟上体褐色，下体白色。虹膜：褐色；喙：暗红色，粗壮且直；腿：红色。

生活习性　主要栖息于池塘、湖泊、沼泽、河流沿岸及河口。性惧人。冬季有时结小群活动。以甲壳类、鱼类、蛙类等小型动物为食。喜站立于输电塔上活动，排泄，系涉鸟故障主要鸟类。

黄河湿地监测及分析　黄河湿地有分布，罕见，为冬候鸟或留鸟。

黑鹳（左成鸟右亚成鸟）　（蔺艳芳　摄）

134. 东 方 白 鹳

中文名称　东方白鹳
拉丁学名　*Ciconia boyciana*
英文名称　Oriental Stork
分类地位　鹳形目鹳科
保护级别　国家一级保护

形态特征　体长 110～128 cm，纯白色鹳，大型涉禽。眼周裸露皮肤粉红；通体白色，两翼黑色，飞行时黑色初级飞羽及次级飞羽与纯白色体羽呈强烈对比。亚成鸟污黄白色。虹膜：稍白；喙：黑色，厚而直；脚：红色。

生活习性　主要栖息于河滩、沼泽。于输电塔、树顶、烟囱顶营巢。飞行时常随热气流盘旋上升。冬季结群活动，取食于湿地，以鱼类、蛙类等小型动物为食。

黄河湿地监测及分析　黄河湿地有分布，有较大种群，为旅鸟或冬候鸟。

东方白鹳　（王恒瑞　摄）

东方白鹳 （马超 摄）

东方白鹳 （蔺艳芳 摄）

十二、鲣鸟目 Suliformes

　　大中型鸟类。喙粗壮，长而尖，上喙末端具钩。两翼尖长或短圆；脚短且多具全蹼；尾长，呈深叉型或楔形。雌雄同色，体羽以黑色、白色和褐色为主。飞翔能力极强。多数种类善于游泳和潜水，以鱼类和其他水生动物为食。

　　世界性分布，广布于内陆及沿海地带。鲣鸟目包括4科、8属、61种。中国分布有3科、4属、12种，黄河（河南段）湿地分布有1科、1种。

普通鸬鹚　（李长看　摄）

（二十二）鸬鹚科 Phalacrocoracidae

135. 普 通 鸬 鹚

中文名称 　普通鸬鹚
拉丁学名 　*Phalacrocorax carbo*
英文名称 　Great Cormorant
分类地位 　鲣鸟目鸬鹚科
保护级别 　三有

形态特征 　大型水鸟，体长约 90 cm。通体黑色，具金属光泽；嘴角和喉囊黄绿色，眼后下方白色，繁殖期间脸部有红色斑，头颈有白色丝状羽，下胁具白斑。虹膜：蓝色；喙：黑色；脚：黑色。

生活习性 　主要栖息于河流、湖泊、池塘、水库、河口及沼泽地带。常成小群活动，善游泳和潜水，游泳时颈向上伸得很直，头微向上倾斜，潜水时首先半跃出水面，再翻身潜入水下。以各种鱼类为食。

黄河湿地监测及分析 　黄河湿地分布有千只大种群，集群栖息于河岸树上，跨河的超高压输电线路上，为冬候鸟。

◀ 普通鸬鹚 　（胡焕富　摄）

▲ 普通鸬鹚 　（李长看　摄）

十三、鹈形目 Pelecaniformes

　　中大型涉禽和大型游禽。翼宽阔，尾羽较短。喙型在不同科种有变异，鹭科喙长而直，鹈鹕科上喙先端具钩、下喙下缘有巨型喉囊，适于啄、捕鱼类；鹭科鸟类腿长、颈长，趾间基部具微蹼；鹈鹕科具全蹼。以鱼、虾、软体动物等为食。

　　大多分布于温带及热带内陆及沿海地带。鹈形目包括5科、34属、118种。中国分布有3科、15属、35种，黄河（河南段）湿地分布有3科、16种。

白琵鹭　（李长看　摄）

（二十三）鹮科 Threskiornithidae

136. 白 琵 鹭

中文名称　白琵鹭
拉丁学名　*Platalea leucorodia*
英文名称　Eurasian Spoonbill
分类地位　鹈形目鹮科
保护级别　国家二级保护

形态特征　大型涉禽，体长 70～95 cm。因长长的喙扁平宽大呈琵琶形而得名；通体白色，头部裸出部位呈黄色，冠羽、胸黄色（冬羽无）。虹膜：红色或黄色；喙：灰色，喙端黄色；脚：近黑。

生活习性　主要栖息于人烟稀少的沼泽、河滩，喜泥泞水塘、湖泊或泥滩，在水中缓慢前进，嘴往两旁甩动以寻找食物。以小鱼等小型脊椎动物、昆虫等无脊椎动物为食，偶尔也吃少量植物性食物。

黄河湿地监测及分析　黄河湿地常见数十只以上的较大种群。多与大白鹭、苍鹭伴生，警戒距离较远，通常是体大的鹭鸟较早发出预警、起飞，白琵鹭相继飞离。为冬候鸟。

白琵鹭 （李长看　摄）

（二十四）鹭科 Ardeidae

137. 大 麻 鸦

中文名称　大麻鸦
拉丁学名　*Botaurus stellaris*
英文名称　Eurasian Bittern
分类地位　鹈形目鹭科
保护级别　三有

形态特征　大型涉禽，体长 59～77 cm。身较粗胖，全身麻褐色；头黑褐色，背黄褐色，具粗的黑褐色斑点；下体淡黄褐色，具黑褐色粗纵纹。虹膜：黄色；喙：黄色，喙粗而尖；脚：绿黄色，粗短。

生活习性　主要栖息于河流、湖泊、池塘、沼泽。除繁殖期外，常单独活动；夜行性，多在黄昏和晚上活动，白天多隐蔽在水边芦苇丛和其他草丛中。保护色与环境高度相似，极善伪装，隐蔽性极强，难以被发现。主要以鱼、虾、蛙、蟹、螺、水生昆虫等为食。

黄河湿地监测及分析　黄河湿地有分布，罕见，为旅鸟或冬候鸟。

大麻鸦　（蔺艳芳　摄）

大麻鳽 （李艳霞 摄）

大麻鳽 （蔺艳芳 摄）

138. 黄 斑 苇 鳽

中文名称　黄斑苇鳽
拉丁学名　*Ixobrychus sinensis*
英文名称　Yellow Bittern
分类地位　鹈形目鹭科
保护级别　三有

形态特征　中型涉禽，体长 32 cm。成鸟顶冠黑色，上体淡黄褐色，下体皮黄色，黑色的飞羽与皮黄色的覆羽呈强烈对比。虹膜：黄色；喙：绿褐色；脚：黄绿色。

生活习性　主要栖息于河流及湖泊边的芦苇丛，也喜稻田。常单独或成对活动于晨昏时分，常沿沼泽地芦苇塘飞翔或在浅水处涉水觅食。性甚机警，遇有干扰，立刻伫立不动，向上伸长头颈观望。主要以小鱼、虾、蛙、水生昆虫等为食。

黄河湿地监测及分析　黄河湿地有分布，为夏候鸟。

黄斑苇鳽　（李长看　摄）

黄斑苇鳽育雏 （李长看 摄）

黄斑苇鳽 （乔春平 摄）

紫背苇鳽 （李长看　摄）

139. 紫背苇鳽

中文名称　紫背苇鳽
拉丁学名　*Ixobrychus eurhythmus*
英文名称　Schrenck's Bittern
分类地位　鹈形目鹭科
保护级别　三有

形态特征　体长 33 ~ 42 cm，深褐色。雄鸟头顶黑色；上体紫栗色，下体具皮黄色纵纹；喉及胸部有深色纵纹形成的中线。雌鸟褐色较重，上体具黑白色及褐色斑点，下体具纵纹。飞行时翼下为灰色。虹膜：黄色；喙：黄绿色；腿：绿色。

生活习性　喜芦苇地、稻田及沼泽地。性隐秘，藏身于芦苇、香蒲等挺水植物中。主要以小鱼、蛙、昆虫等动物性食物为主。

黄河湿地监测及分析　黄河郑州段湿地有分布，罕见，为夏候鸟。

紫背苇鳽 （李长看 摄）

紫背苇鳽 （蔺艳芳 摄）

140. 栗 苇 鳽

中文名称　栗苇鳽
拉丁学名　*Ixobrychus cinnamomeus*
英文名称　Cinnamon Bittern
分类地位　鹈形目鹭科
保护级别　三有

形态特征　体长40～41 cm。雄鸟上体从头顶至尾为栗红色。下体黄褐色。喉至胸部有一褐色纵线，颈侧具白色纵纹。两胁具黑色纵纹。飞行时灰色的飞羽与褐色覆羽呈对比。雌鸟上体暗红褐色，杂有白色斑点，腹部土黄色。从颈至胸部有数条黑褐色纵纹。

生活习性　性胆小而机警。藏身于挺水植物中，如被发现则静止不动，同时将喙指向天空模拟芦苇。

黄河湿地监测及分析　黄河湿地有分布，罕见，为夏候鸟。

栗苇鳽　（李长看　摄）

141. 夜 鹭

中文名称　夜鹭
拉丁学名　*Nycticorax nycticorax*
英文名称　Black-crowned Night-heron
分类地位　鹈形目鹭科
保护级别　三有

形态特征　中型涉禽，体长50～60 cm。成鸟头顶、后颈、枕、背部黑色；冠羽纤细，2～3根，白色；下体白色；翅及尾羽灰色。亚成鸟与成鸟体色差异很大，全身棕色，具有纵纹和点斑，似绿鹭。虹膜:鲜红色，亚成鸟黄色；喙：黑色；脚：污黄色。

生活习性　主要栖息于稻田、河流、湖泊、沼泽。以动物性食物为主。白天栖于高大树木上，夜间飞临水边捕食鱼、虾、蛙等水生动物。

黄河湿地监测及分析　黄河湿地分布广泛，种群较大，系优势鸟种。为夏候鸟，部分为留鸟。

◀ 夜鹭亚成鸟 　（李长看　摄）

▲ 夜鹭 （李长看　摄）

142. 绿 鹭

中文名称	绿鹭
拉丁学名	*Butorides striata*
英文名称	Green-backed Heron
分类地位	鹈形目鹭科
保护级别	三有

形态特征 体长 35～48 cm。体型较粗胖，喙长而尖；颏白，颈短，尾短而圆；顶冠、羽冠和眼下纹墨绿色；冠羽长而闪墨绿色光泽；两翼及尾青蓝色具绿色光泽，羽缘皮黄色；腹部粉灰。虹膜:黄色；喙：黑色；脚：绿色。

生活习性 主要栖息于稻田、河流、湖泊、沼泽。性谨慎，易受惊扰。常在晨昏时分单独活动，在水边长时间静立等待时机，捕捉猎物。以鱼为主食，也吃蛙、虾等水生动物。

黄河湿地监测及分析 黄河郑州段湿地有分布，偶见，为夏候鸟。

▲ 绿鹭 （李长看 摄）

▲ 绿鹭 （宋建超 摄）

▲ 池鹭亚成鸟 （李长看 摄）

▲ 池鹭 （马继山 摄）

143. 池 鹭

中文名称　池鹭
拉丁学名　*Ardeola bacchus*
英文名称　Chinese Pond Heron
分类地位　鹈形目鹭科
保护级别　三有

形态特征　中型涉禽，体长约 50 cm。翼白色，身体具褐色纵纹。繁殖羽：头及颈深栗色，胸紫酱色。冬季：站立时具褐色纵纹，飞行时体白色而背部深褐色。虹膜：褐色；喙：黄色；腿：绿灰色。

生活习性　主要栖息于池塘、稻田、沼泽。喜群栖。以小鱼、蛙等水生动物，昆虫等为食。

黄河湿地监测及分析　黄河湿地有分布，种群数量较大，为夏候鸟。

144. 牛 背 鹭

中文名称	牛背鹭
拉丁学名	*Bubulcus coromandus*
英文名称	Cattle Egret
分类地位	鹈形目鹭科
保护级别	三有

形态特征 中型涉禽，体长约 50 cm，白色。繁殖期头、颈、喉及背部中央的蓑羽橙黄色，身体余部白色。冬羽全白色，背部无蓑羽。

与白鹭相比较，体型较粗壮，颈较短而头圆，嘴较短厚。虹膜：黄色；喙：黄色；腿：暗黄色至近黑色。

生活习性 主要栖息于稻田、沼泽、河流，成对或小群活动。牛背鹭是目前世界上唯一以昆虫为主食的鹭类，常与水牛结伴"互利共生"，啄食水牛身体上的寄生虫，捕食水牛行走时惊起的昆虫。

黄河湿地监测及分析 黄河湿地有较广泛分布，为夏候鸟。

牛背鹭 （李长看 摄）

牛背鹭 （李艳霞 摄）

牛背鹭亚成鸟 （李长看 摄）

145. 苍 鹭

中文名称	苍鹭
拉丁学名	*Ardea cinerea*
英文名称	Grey Heron
分类地位	鹈形目鹭科
保护级别	三有

形态特征 大型涉禽，体长约 100 cm，腿长约 40 cm，翼展长度约 140 cm。体羽大部分灰色，胸、腹两侧有两条大的紫黑色斑纹；喙长、颈长、腿长，适于涉水取食；4 趾在一个平面上，后趾发达。虹膜：黄色；喙：黄绿色；腿：偏黑色。

生活习性 主要栖息于河流、湖泊、水塘、稻田、沼泽等水域岸边或浅水处。性寂静、有耐力，因其常伫立于浅水中，静等猎物游来而捕食之，故谓之"老等"。冬季有时成大群；飞行时翼显沉重。取食于湿地，主要以鱼类、蛙类等水生动物为食。

黄河湿地监测及分析 黄河湿地分布广泛，有较大的繁殖种群，为留鸟。

苍鹭亚成鸟 （李长看 摄）

苍鹭 （李长看 摄）

146. 草　鹭

中文名称　草鹭
拉丁学名　*Ardea purpurea*
英文名称　Purple Heron
分类地位　鹈形目鹭科
保护级别　三有

形态特征　大型涉禽，体长 80～100 cm，腿长约 40 cm，翼展长度约 120 cm。上体蓝黑色，并间具栗褐色，飞羽黑色，其余体羽红褐色；颈细长，棕色，具黑色纵纹；胸前具银灰色的矛状饰羽。虹膜：黄色；喙：褐色；脚：红褐色。

生活习性　主要栖息于湖泊、溪流、稻田或水域附近的灌丛等生境。行动迟缓，常在浅水处低头觅食，或长时间站立不动。主要以小鱼、蛙、甲壳动物、蜥蜴和昆虫等为食。

黄河湿地监测及分析　黄河湿地有零星分布，罕见，为夏候鸟。

草鹭　（李长看　摄）

草鹭亚成鸟　（刘东洋 摄）

147. 大 白 鹭

中文名称	大白鹭
拉丁学名	*Ardea alba*
英文名称	Great Egret
分类地位	鹈形目鹭科
保护级别	三有

形态特征 大型涉禽，体长 95～110 cm，腿长约 40 cm，翼展长度约 110 cm，白色。喙较厚重，颈部具一显著颈结。繁殖期，脸颊裸露皮肤蓝绿色，腿部裸露皮肤红色；非繁殖期，脸颊裸露皮肤黄色，喙黄色而喙端常为深色，脚及腿黑色。虹膜：黄色；喙：黄色；腿：黑色。

生活习性 主要栖息于河流、湖泊、海滨、河口及其沼泽地带。主要以鱼类、蛙类等水生动物为食。

黄河湿地监测及分析 黄河湿地分布广泛，有较大的繁殖种群，为留鸟或夏候鸟。

大白鹭 （李长看 摄）

大白鹭 （李长看 摄）

148. 中 白 鹭

中文名称	中白鹭
拉丁学名	*Ardea intermedia*
英文名称	Intermediate Egret
分类地位	鹈形目鹭科
保护级别	三有

形态特征 体长 62~70 cm 的白色鹭。体型在大白鹭与白鹭之间；通体白色，眼先黄色，喙相对短、嘴裂不过眼，颈呈"S"形。繁殖期背及胸部有松软的长丝状羽，喙及腿短期呈粉红色，脸部裸露皮肤灰色。虹膜：黄色；喙：黄色，端褐色；腿：黑色。

生活习性 主要栖息于稻田、河湖、海滩。喜集群活动。以小型水生动物、昆虫为食。

黄河湿地监测及分析 黄河湿地有繁殖种群，罕见，为夏候鸟。

中白鹭 （李长看 摄）

中白鹭 （党智华 摄）

白鹭 （李长看 摄）

149. 白 鹭

中文名称	白鹭
拉丁名学	*Egretta garzetta*
英文名称	Little Egret
分类地位	鹈形目鹭科
保护级别	三有

形态特征 中型涉禽，体长 45~67 cm，腿长约 25 cm，翼展长度约 80 cm。全身白色，眼先粉红色，头顶有 2 根冠羽，前颈下部有矛状饰羽，背部具有蓑羽（冬羽无）。虹膜：黄色；喙：黑色；腿：黑色；趾：黄色。

生活习性 栖息于池塘、稻田、湖泊。集群活动，以小型鱼类、蛙类等水生动物，昆虫为食。

黄河湿地监测及分析 黄河湿地有较大的繁殖种群，为夏候鸟，部分为留鸟。

白鹭 （李长看 摄）

（二十五）鹈鹕科 Pelecaniade

150. 卷 羽 鹈 鹕

中文名称　卷羽鹈鹕
拉丁学名　*Pelecanus crispus*
英文名称　Dalmatian Pelican
分类地位　鹈形目鹈鹕科
保护级别　国家一级保护

形态特征　大型游禽，体长 175 cm。体羽灰白色，颈背具卷曲的冠羽；翼下白色，仅飞羽羽尖黑色；喉囊巨大，橘黄色或黄色，适于捕鱼。虹膜：浅黄色，眼周裸露皮肤粉红色；喙：上喙灰色，下喙粉红色；脚：近灰色。

生活习性　主要栖息于河流、湖泊、沿海。善飞翔，缩颈疾飞；善游泳，大口捕鱼吞入喉囊内，闭嘴缩喉排水而吞食。喜群栖，主要以鱼为食，也吃甲壳动物和小型两栖动物等。

黄河湿地监测及分析　黄河湿地有分布，罕见，为旅鸟或冬候鸟。

卷羽鹈鹕 （郭文 摄）

卷羽鹈鹕 （李长看 摄）

十四、鹰形目 Accipitriformes

　　昼行性猛禽。羽色以棕、黑、白为主，腹面的颜色比背面的颜色浅，有利于飞行猎捕中隐蔽自己；体形矫健；喙强大、弯曲，适于撕裂猎物以便吞食；脚和趾强健有力，3 趾向前，1 趾向后，呈不等趾型；两眼侧置，视力敏锐；翅强健，善于持久盘旋翱翔；鸟种体型差别很大，雌鸟体型多比雄鸟更大；肉食性；晚成鸟。

　　鹰形目广布于全球，包括4科、75属、266种。中国分布有2科、24属、55种，黄河（河南段）湿地分布有2科、25种。鹰形目鸟类全部为国家一、二级保护动物。

黑翅鸢 （李长看 摄）

（二十六）鹗科 Pandionidae

151. 鹗

中文名称　鹗
拉丁学名　*Pandion haliaetus*
英文名称　Osprey
分类地位　鹰形目鹗科
保护级别　国家二级保护

形态特征　中等体型，体长约 55 cm。头白色，深色的短冠羽可竖立，具黑色贯眼纹为识别特征；上体深褐色，下体白色。虹膜：黄色；喙：黑色；脚：灰色。

生活习性　主要栖息于河流、湖泊、海岸、水库及水塘附近。单独或成对活动。擅长捕鱼，从空中直插入水捕食鱼类。

黄河湿地监测及分析　黄河湿地分布广泛而稀少，主要为旅鸟。2022 年繁殖季在郑州惠济段黄河监测到繁殖种群，部分为夏候鸟。

▲ 鹗 （李艳霞 摄）

▲ 鹗 （冯克坚 摄）

（二十七）鹰科 Accipitridae

152. 黑 翅 鸢

中文名称　黑翅鸢
拉丁学名　*Elanus caeruleus*
英文名称　Black-shouldered kite
分类地位　鹰形目鹰科
保护级别　国家二级保护

形态特征　小型猛禽，体长约 33 cm。上体蓝灰色，下体白色；眼先、眼周、肩部具有黑斑；飞翔时初级飞羽下面黑色，和白色的下体形成鲜明对照。尾较短，平尾，中间稍凹，呈浅叉状。虹膜：鲜红色；喙：黑色，蜡膜黄色；脚：黄色。

生活习性　栖息于低山丘陵，开阔平原、草地、荒原、湿地。常单独或小群在高空飞翔或振翅悬停。主要以小型鸟类、鼠类、两栖类、昆虫等为食。

黄河湿地监测及分析　黄河湿地有分布，种群较大，为留鸟。

黑翅鸢　（李长看　摄）

黑翅鸢雏鸟 （耿思玉 摄）

黑冠鹃隼　（肖书平　摄）

153. 黑 冠 鹃 隼

中文名称	黑冠鹃隼
拉丁学名	*Aviceda leuphotes*
英文名称	Black Baza
分类地位	鹰形目鹰科
保护级别	国家二级保护

形态特征　体长 30～33 cm，黑白色。头、喉和颈部黑色；黑色的长冠羽极为显著；上体和尾黑褐色，上胸部具白色宽纹，翼具白斑；下胸和腹侧具白色和深栗色横纹；两翼短圆，飞行时可见黑色衬，翼灰而端黑。虹膜：红色；喙：角质色；脚：深灰色。

生活习性　繁殖期成对活动，迁徙时常集小群至大群，沿固定路径迁徙。滑翔时两翼平直，飞行时振翅似鸦类。营巢于大树上。

黄河湿地监测及分析　黄河湿地三门峡段等有分布，罕见，为留鸟。

黑冠鹃隼交配 （肖书平 摄）

154. 秃 鹫

中文名称　秃鹫
拉丁学名　*Aegypius monachus*
英文名称　Cinereous Vulture
分类地位　鹰形目鹰科
保护级别　国家一级保护

形态特征　体长 98～107 cm。体羽深褐色。具松软翎颌，颈部灰蓝色。成鸟头裸出，皮黄色，喉及眼下部分黑色。喙铅灰色，蜡膜浅蓝色。幼鸟头后常具松软的簇羽。两翼长而宽，具平行的翼缘，后缘明显内凹。尾短呈楔形，头及喙甚强劲有力。

生活习性　多单独活动，有时 3～5 只小群。需助跑起飞，常随热气流在天空翱翔。休息时常站立于山崖上，习惯缩起脖子。

黄河湿地监测及分析　黄河郑州段湿地有分布，罕见，为旅鸟。

秃鹫　（王恒瑞　摄）

短趾雕 （郭文 摄）

155. 短趾雕

中文名称	短趾雕
拉丁学名	*Circaetus gallicus*
英文名称	Short-toed Snake Eagle
分类地位	鹰形目鹰科
保护级别	国家二级保护

形态特征 体长 62 ~ 70 cm。身体沉重，上体灰褐，下体白而具深色纵纹，喉及胸单一褐色，腹部具不明显的横斑，尾具不明显的宽阔横斑。虹膜：黄色；喙：黑色；脚：偏绿。

生活习性 栖于林缘及次生灌丛。常悬停空中振羽。喜食蛇类、蛙类以及小型鸟类，亦食腐肉。

黄河湿地监测及分析 黄河三门峡段湿地有分布，罕见，为旅鸟。

草原雕 （郭文 摄）

156. 草 原 雕

中文名称	草原雕
拉丁学名	*Aquila nipalensis*
英文名称	Steppe Eagle
分类地位	鹰形目鹰科
保护级别	国家一级保护

形态特征 大型猛禽，体长 60～81 cm。体色以褐色为主，上体土褐色，头顶较暗；飞羽黑褐色，杂以较暗的横斑；下体具灰色稀疏的横斑，两翼具深色后缘。飞行时两翼平直，滑翔时两翼略弯曲；尾型平。虹膜：浅褐色；喙：黑色；脚：黄色，爪黑色。

生活习性 栖息于开阔的草原，白天活动。喜在地面、树枝或电线杆上停歇，主要在旷野捕食鼠类。

黄河湿地监测及分析 黄河湿地三门峡段有分布，罕见，为旅鸟。

157. 乌 雕

中文名称　乌雕
拉丁学名　*Clanga clanga*
英文名称　Greater Spotted Eagle
分类地位　鹰形目鹰科
保护级别　国家一级保护

形态特征　体长 59~71 cm，中大型猛禽。通体深褐色，体羽随年龄及不同亚种而有变化。其尾上覆羽具白色的"U"形斑，飞行时从上方可见。虹膜：褐色；喙：灰色；脚：黄色。

生活习性　栖息于开阔的沼泽、河流、湖泊等湿地。常单独活动，性情孤独。白天活动，主要捕食鱼类、蛙类、野鸡、野兔等动物。

黄河湿地监测及分析　黄河湿地三门峡、洛阳段有少量分布，罕见，为旅鸟。

乌雕　（王文博　摄）

158. 白 肩 雕

中文名称	白肩雕
拉丁学名	*Aquila heliaca*
英文名称	Imperial Eagle
分类地位	鹰形目鹰科
保护级别	国家一级保护

形态特征 体长 72～84 cm。体羽深褐色。头顶及颈背皮黄色，肩部具明显的白斑。上背两侧羽尖白色。尾基部具黑色及灰色横斑，与其余的深褐色体羽成对比。飞行时身体及翼下覆羽全黑色。滑翔时翼弯曲。尾常散开成扇形。虹膜：褐色；喙：灰色；脚：黄色。

生活习性 栖息于多种生境，尤其喜欢混交林和阔叶林，常白天单独活动，或翱翔于空中，或长久站立。主要以啮齿类及鸽、雁、鸭等鸟类为食，有时也食动物尸体。

黄河湿地监测及分析 黄河三门峡、洛阳段湿地有分布，偶见，为旅鸟。

白肩雕 （王文博 摄）

▲ 金雕 （李艳霞 摄）

▲ 金雕 （郭文 摄）

159. 金 雕

中文名称	金雕
拉丁学名	*Aquila chrysaetos*
英文名称	Golden Eagle
分类地位	鹰形目鹰科
保护级别	国家一级保护

形态特征　体长 78～105 cm。体羽深褐色。头顶黑褐色，具金色羽冠；嘴巨大，灰色。飞行时腰部白色明显可见。尾长而圆，两翼呈浅 "V" 形。虹膜：褐色；喙：灰色；脚：黄色。

生活习性　白天活动，常静立于岩壁，发现猎物时，突然俯冲捕食，有时在高空盘旋觅食。主要在山地或旷野环境捕食岩羊、狐狸等大中型兽类及鸟类。

黄河湿地监测及分析　黄河中游湿地有分布，罕见，为留鸟。

160. 赤 腹 鹰

中文名称　赤腹鹰
拉丁学名　*Accipiter soloensis*
英文名称　Chinese Goshawk
分类地位　鹰形目鹰科
保护级别　国家二级保护

形态特征　体长27～35 cm。上体蓝灰色，背部羽尖略具白色，外侧尾羽具不明显黑色横斑；下体白色，胸及两胁略带粉色，两胁具浅灰色横纹，腿上也略具横纹。翼下除初级飞羽羽端黑色外，几乎全白。虹膜：红褐色；喙：灰色；脚：橘黄色。

生活习性　栖息于森林、林缘、农田、村落，春秋季迁徙时会集大群，沿固定路线迁飞。捕食速度快，主要捕食鼠类、小型鸟类、青蛙及石龙子等。

黄河湿地监测及分析　黄河中游湿地有分布，罕见，为夏候鸟。

赤腹鹰　（李艳霞　摄）

赤腹鹰 （郭文 摄）

161. 日 本 松 雀 鹰

中文名称　日本松雀鹰
拉丁学名　*Accipiter gularis*
英文名称　Japanese Sparrow Hawk
分类地位　鹰形目鹰科
保护级别　国家二级保护

形态特征　体长 25～34 cm，小型猛禽。雄鸟上体深灰色，尾灰色并具几条深色带，胸部浅棕色，腹部具有非常细的羽干纹，无明显的髭纹。雌鸟上体褐色，下体棕色少，但具浓密的褐色横斑。虹膜：红色；喙：蓝灰色；脚：黄绿色。

生活习性　栖息于森林、林缘及疏林地带，典型的森林猛禽。通常单独或以零散的小群体出现，迁徙时结群。常在空中主动挑衅、攻击其他猛禽。主要以小型雀鸟为食，也捕食蜥蜴、昆虫等。

黄河湿地监测及分析　黄河湿地有分布，罕见，为冬候鸟或旅鸟。

日本松雀鹰 （郭文 摄）

162. 松 雀 鹰

中文名称 松雀鹰
拉丁学名 *Accipiter virgatus*
英文名称 Besra
分类地位 鹰形目鹰科
保护级别 国家二级保护

形态特征 体长 23～38 cm，小型深色猛禽。雄鸟上体深灰色，尾具粗横斑；下体白色；两肋棕色，且具褐色横斑；喉白色，具黑色喉中线，有黑色髭纹。雌鸟及亚成鸟两肋棕色少，下体多具红褐色横斑，背褐色，尾褐色具深色横纹。虹膜：褐色；喙：黑色；脚：黄色。

生活习性 栖息于低山森林，冬季到海拔较低区域，一般单独活动，性隐蔽。领域性强，常主动攻击、驱逐进入领域内的其他猛禽。主要捕食鼠类、小型鸟类、两栖爬行类等。

黄河湿地监测及分析 黄河湿地有少量分布，为留鸟。

松雀鹰 （李艳霞 摄）

163. 雀 鹰

中文名称　雀鹰
拉丁学名　*Accipiter nisus*
英文名称　Eurasian Sparrow Hawk
分类地位　鹰形目鹰科
保护级别　国家二级保护

形态特征　体长32~40 cm，雌雄体型差别显著的中型猛禽。雄鸟上体褐灰色，下体白色，多具红棕色横斑，尾具4~5道横带；脸颊棕色。雌鸟体型较大，上体褐色，下体白色，胸、腹部及腿上具灰褐色横斑。虹膜：亮黄色；喙：灰色；脚：黄色。

生活习性　栖息于森林、林缘地带，领域性强。常单独活动，迁徙时偶尔集松散小群活动。飞行灵巧，常在林间伺机捕猎鼠类、小型鸟类、昆虫等。

黄河湿地监测及分析　黄河湿地有分布，罕见，为旅鸟或冬候鸟。

雀鹰 （蔺艳芳 摄）

苍鹰 （郭文 摄）

164. 苍 鹰

中文名称	苍鹰
拉丁学名	*Accipiter gentilis*
英文名称	Northern Goshawk
分类地位	鹰形目鹰科
保护级别	国家二级保护

形态特征 体长 48～59 cm，体格强健的猛禽。头顶、枕和头侧黑褐色；无冠羽或喉中线，具白色的宽眉纹；上体青灰色，下体白色，具粉褐色横斑；两翼宽圆，飞行时翼下白色，密布黑褐色横带。虹膜：红色；喙：灰色；脚：黄色。

生活习性 栖息于森林、林缘、灌丛地带，常单独活动。领域性强，性凶猛，会驱逐进入领地的其他猛禽。主要捕食鸟类、野兔等中小型动物。

黄河湿地监测及分析 黄河中游湿地有分布，罕见，为旅鸟。

165. 白 腹 鹞

中文名称　白腹鹞
拉丁学名　*Circus spilonotus*
英文名称　Eastern Marsh Harrier
分类地位　鹰形目鹰科
保护级别　国家二级保护

形态特征　中型猛禽，体长 50 ~ 60 cm，雌雄异色。雄鸟上体黑褐色，具污灰白色斑点；头顶至上背白色，具宽阔的黑褐色纵纹；下体近白色，喉和胸具黑褐色纵纹。雌鸟暗褐色，头顶至后颈皮黄白色，具锈色纵纹。虹膜：雄鸟黄色，雌鸟及幼鸟浅褐色；喙：灰色；脚：黄色。

生活习性　喜开阔地，尤其是多草沼泽地带或芦苇地。滑翔低掠，有时停滞空中。主要以小型鸟类、啮齿类、蛙类和大型昆虫为食。

黄河湿地监测及分析　黄河湿地有分布，为旅鸟。

白腹鹞　（郭文　摄）

▲ 雌鸟

雄鸟 ▶

白尾鹞 （蔺艳芳 摄）

166. 白 尾 鹞

中文名称　白尾鹞
拉丁学名　*Circus cyaneus*
英文名称　Hen Harrier
分类地位　鹰形目鹰科
保护级别　国家二级保护

形态特征　体长41～53 cm，雌雄异色；雌鸟褐色，雄鸟灰色；雄鸟略大。雄鸟上体蓝灰色，头和胸较暗，翅尖黑色，尾上覆羽白色，腹、两胁和翅下覆羽白色；白色的腰部特征鲜明。雌鸟上体暗褐色，尾上覆羽白色，下体皮黄白色或棕黄褐色，杂以粗的红褐色或暗棕褐色纵纹。虹膜：浅褐色；喙：灰色；脚：黄色。

生活习性　主要栖息于平原和低山丘陵地带，尤其是平原湖泊、沿海沼泽和芦苇塘等开阔地区。主要以小型鸟类、鼠类、蛙和大型昆虫等为食。

黄河湿地监测及分析　黄河湿地有分布，较为常见，为冬候鸟。

鹊鹞雌鸟　（郭文　摄）

中文名称	鹊鹞
拉丁学名	*Circus melanoleucos*
英文名称	Pied Harrier
分类地位	鹰形目鹰科
保护级别	国家二级保护

形态特征　体长 41～49 cm，雌雄异色；雌鸟褐色，雄鸟黑白色；两翼狭长。雄鸟体羽黑、白及灰色，头、喉及胸部黑色无纵纹，因酷似喜鹊而得名。雌鸟上体褐色带灰并具纵纹，腰白，尾具横斑，下体皮黄具棕色纵纹；飞羽下面具近黑色横斑。虹膜：黄色；喙：角质色；脚：黄色。

生活习性　栖息于开阔原野、沼泽，常单独活动。飞行时以滑翔为主，不时抖动两翅。主要捕食小型鸟类、鼠类、蛙类、昆虫等动物。

黄河湿地监测及分析　黄河湿地有分布，罕见，为冬候鸟。

鹊鹞雄鸟 （李艳霞 摄）

凤头蜂鹰 （吴新亚 摄）

168. 凤 头 蜂 鹰

中文名称	凤头蜂鹰	
拉丁学名	*Pernis ptilorhynchus*	
英文名称	Oriental Honey-Buzzard	
分类地位	鹰形目鹰科	
保护级别	国家二级保护	

形态特征 体长 52～68 cm。头后及枕部羽毛狭长，形成羽冠。上体由白色至赤褐色或深褐色，下体满布点斑及横纹。尾具不规则横纹。具有浅色喉块，缘以浓密的黑色纵纹，常具黑色中线。飞行时特征为头相对小而颈显长，两翼及尾均狭长。虹膜：橘黄色；喙：灰色；脚：黄色。

生活习性 栖息于森林、林缘地带；喜食蜂蜜，也吃蜂类和其他昆虫。

黄河湿地监测及分析 黄河湿地有分布，为旅鸟。

黑鸢 （白瑞霞 摄）

169. 黑 鸢

中文名称　黑鸢
拉丁学名　*Milvus migrans*
英文名称　Black Kite
分类地位　鹰形目鹰科
保护级别　国家二级保护

形态特征　中型猛禽，体长54～69 cm，深褐色。上体暗褐色，下体棕褐色，均具黑褐色羽干纹；尾较长，浅叉状是识别特征；飞翔时翼下左右各有一块大的白斑。雌鸟显著大于雄鸟。虹膜：棕色；喙：灰色，蜡膜黄色；脚：黄色。

生活习性　栖息于开阔平原、草地、荒原和低山丘陵地带。常单独或小群在高空飞翔，主要以野兔、小型鸟类、鼠类、昆虫等为食。

黄河湿地监测及分析　黄河湿地有分布，迁徙季可见较大种群，为旅鸟或冬候鸟。

170. 白 尾 海 雕

中文名称	白尾海雕
拉丁学名	*Haliaeetus albicilla*
英文名称	White-tailed Sea Eagle
分类地位	鹰形目鹰科
保护级别	国家一级保护

形态特征 体长 85～92 cm，大型猛禽。体羽多暗褐色；头及胸部浅褐色，后颈和胸部羽毛披针形，较长；翼下飞羽近黑色，与深栗色的翼下成对比；嘴大；尾短呈楔形，白色。虹膜：黄色；喙：黄色；脚：黄色。

生活习性 栖息于江河、海口广阔的沼泽湿地，常单独或成对活动，冬季有时集群。主要在白天活动和觅食，休息时喜在岩石、地面上停息。主要捕食鱼类、鸟类、小型兽类等动物。

黄河湿地监测及分析 黄河三门峡、洛阳、郑州段湿地有分布，罕见，为旅鸟或冬候鸟。

白尾海雕 （王争亚 摄）

白尾海雕亚成鸟　（杜云海　摄）

171. 玉带海雕

中文名称　玉带海雕
拉丁学名　*Haliaeetus leucoryphus*
英文名称　Pallas's Fish Eagle
分类地位　鹰形目鹰科
保护级别　国家一级保护

形态特征　体长 76～88 cm，大型猛禽。嘴稍细，头细长，颈较长。体羽深褐色，颈部及胸部暗褐色，头部色浅；下体棕褐色，喉色浅，羽干黑色；楔形尾，尾下具显著的白色横带，因而得名玉带海雕。虹膜：淡黄色；喙：黑灰色；脚：淡黄色。

生活习性　栖息于开阔的河流、湖泊等区域，常单独活动。栖于树上或柱子上长久站立，俯冲捕食近水面的鱼类。主要捕食鱼类、鼠类、鸟类等动物。

黄河湿地监测及分析　黄河三门峡、洛阳、郑州段湿地有分布，罕见，为旅鸟。

玉带海雕 （黄健 摄）

172. 灰 脸 鵟 鹰

中文名称　灰脸鵟鹰
拉丁学名　*Butastur indicus*
英文名称　Grey-faced Buzzard
分类地位　鹰形目鹰科
保护级别　国家二级保护

形态特征　体长 39～46 cm，偏褐色的中型猛禽。上体褐色，具近黑色的纵纹及横斑；颏及喉为白色显著，具黑色的顶纹及髭纹；头侧近黑色，胸部褐色具黑色细纹；下体余部具棕色横斑而有别于白眼鵟鹰。尾细长，平型。虹膜：褐色；喙：黑色；脚：黄色。

生活习性　栖息于森林地带，常单独活动，迁徙期成群活动。捕食鼠类、小型鸟类、蛙类、昆虫等动物。

黄河湿地监测及分析　黄河中游湿地有分布，罕见，为旅鸟。

灰脸鵟鹰 （熊林春 摄）▶

▲ 灰脸鵟鹰 （郭文 摄）

173. 毛 脚 鵟

中文名称　毛脚鵟
拉丁学名　*Buteo lagopus*
英文名称　Rough-legged Buzzard
分类地位　鹰形目鹰科
保护级别　国家二级保护

形态特征　体长约 54 cm，中型猛禽。成年雄鸟头部色深，胸色浅；深色两翼与浅色尾成较强对比，初级飞羽基部较普通鵟为白，与黑色翼角斑呈对比；跗骨被羽。雌鸟及幼鸟具浅色头，深色胸；幼鸟飞行时翼下黑色后缘较少。虹膜：黄褐色；喙：深灰色，蜡膜黄色；脚：黄色。

生活习性　栖息于开阔的河流、湖泊等区域，常单独活动。栖于树上或柱子上长久站立，俯冲捕食近水面的鱼类。主要捕食鱼类、鼠类、鸟类等动物。

黄河湿地监测及分析　黄河郑州段湿地有分布，罕见，为旅鸟。

毛脚鵟　（赵宗英　摄）

毛脚鵟 （赵宗英　摄）

174. 大鵟

中文名称　大鵟
拉丁学名　*Buteo hemilasius*
英文名称　Upland Buzzard
分类地位　鹰形目鹰科
保护级别　国家二级保护

形态特征　体长 60～88 cm，大型猛禽，有几种色型。上体暗褐色，下体茶色，喉和胸有暗褐色纹，尾具横斑、偏白；飞翔时，棕黄色的翅下白色斑块显著；跗跖上的被羽比普通鵟多。虹膜：黄或偏白色；喙：蓝灰色；脚：黄色。

生活习性　主要栖息于山地、平原等，多白天单独活动，强健有力，以小型鸟类、鼠类、野兔等动物为食。

黄河湿地监测及分析　黄河湿地有分布，为冬候鸟。

大鵟　（冯克坚　摄）

大鹭　（魏谨　摄）

175. 普 通 鵟

中文名称	普通鵟
拉丁学名	*Buteo japonicus*
英文名称	Eastern Buzzard
分类地位	鹰形目鹰科
保护级别	国家二级保护

形态特征　体长 48～53 cm 的猛禽。上体深红褐色；脸侧皮黄色具近红色细纹，栗色的髭纹显著；下体偏白色，具棕色纵纹，两胁及大腿沾棕色；翼宽而圆；普通鵟跗跖仅部分被羽，有别于大鵟。虹膜：黄色至褐色；喙：灰色，端黑；脚：黄色。

生活习性　喜开阔原野，在空中热气流上高高翱翔，在裸露树枝上歇息。以鼠类、小型鸟类、蛙类、大型昆虫等为食。

黄河湿地监测及分析　黄河湿地有分布，较为常见，为冬候鸟或旅鸟。2022 年繁殖季，郑州黄河湿地监测到繁殖普通鵟。

普通鵟（左一）　（赵宗英　摄）

普通鵟 （马继山　摄）

十五、鸮形目 Strigiformes

夜行性猛禽。全身羽毛色暗、柔软轻松，利于消音；头部宽大，羽毛排列成面盘，极似猫，故俗称"猫头鹰"；眼大，向前，适于夜视；耳孔特大，多左右不对称，利于夜间感知声音；喙坚强而钩曲，嘴基蜡膜为硬须掩盖；脚强健有力，常全部被羽，第四趾能向后反转，以利攀援；雏鸟为晚成性；营巢于树洞或岩隙中。

鸮形目广布于全球各大陆的热带及其附近地区，包括 2 科、29 属、251 种。中国分布有 2 科、12 属、33 种，黄河（河南段）湿地分布有 1 科、7 种。

长耳鸮 （李长看 摄）

（二十八）鸱鸮科 Strigidae

176. 领　角　鸮

中文名称　领角鸮
拉丁学名　*Otus lettia*
英文名称　Collared Scops Owl
分类地位　鸮形目鸱鸮科
保护级别　国家二级保护

形态特征　体长 23～25 cm。眉纹浅黄色，具明显耳羽簇及特征性的浅沙色颈圈；体羽灰棕色或红褐色，并多具黑色及皮黄色的杂纹或斑块；下体灰红褐色，具黑色条纹。虹膜：深褐色；喙：角质色；脚：暗黄色。

生活习性　栖息于森林、林缘、村落附近的林区。夜行性，白天藏身于浓密的树丛、竹丛中，夜晚捕捉鼠类、甲虫等猎物。

黄河湿地监测及分析　黄河湿地有分布，罕见，为留鸟。

领角鸮　（李艳霞　摄）

177. 红 角 鸮

中文名称　红角鸮
拉丁学名　*Otus sunia*
英文名称　Oriental Scops Owl
分类地位　鸮形目鸱鸮科
保护级别　国家二级保护

形态特征　体长 18～21 cm，有"耳"的小型鸮。有褐色和灰色型两种。面盘灰褐色，边缘黑褐色。体羽多纵纹。眉于耳羽内侧，淡黄色。颈后具淡黄色横带。虹膜：黄色；喙：角质灰色；脚：褐色。

生活习性　夜行性，喜有树丛的开阔原野。常营巢于天然树洞中或利用啄木鸟废弃的旧树洞。主要捕食鼠类等动物。

黄河湿地监测及分析　黄河湿地有分布，夏夜常闻其声，为夏候鸟。

红角鸮 （王争亚 摄）

178. 雕 鸮

中文名称　雕鸮
拉丁学名　*Bubo bubo*
英文名称　Northern Eagle Owl
分类地位　鸮形目鸱鸮科
保护级别　国家二级保护

形态特征　体长 60～75 cm，2 种最大型的鸮类之一。耳羽簇长，有橘黄色的大眼；面盘显著，喉白色；体羽黄褐色，具黑色斑点和纵纹；胸部及胁具深褐色纵纹，腹部具细小黑色条纹。虹膜：橙黄色；喙：灰色；脚：黄色。

生活习性　栖息于森林、平原、荒野等各类生境，除繁殖期外，通常单独活动。夜行性，白天常在树上、悬崖、枯草丛中休息。飞行慢而无声，常低空飞行。食谱很广，主要捕食鼠类。

黄河湿地监测及分析　黄河湿地中游有分布，罕见，为留鸟。

雕鸮 （李艳霞 摄）

179. 斑 头 鸺 鹠

中文名称	斑头鸺鹠
拉丁学名	*Glaucidium cuculoides*
英文名称	Asian Barred Owlet
分类地位	鸮形目鸱鸮科
保护级别	国家二级保护

形态特征 体长 22~25 cm。头圆形，无耳羽簇，颏纹白色；上体棕栗色，具赭色横斑，沿肩部有一道白色条纹将上体断开；下体褐色，具赭色横斑；两胁栗色。虹膜：黄褐色；喙：偏绿色；脚：黄绿色。

生活习性 栖息于森林、平原、荒野等各类生境，大多白天活动。常从停栖处做波浪状飞行，捕食小型鸟类、大型昆虫等。

黄河湿地监测及分析 黄河湿地有分布，为留鸟。

斑头鸺鹠 （杨旭东 摄）

▲ 纵纹腹小鸮 （李长看 摄）

▲ 纵纹腹小鸮 （蔺艳芳 摄）

180. 纵 纹 腹 小 鸮

中文名称	纵纹腹小鸮
拉丁学名	*Athene noctua*
英文名称	Little Owl
分类地位	鸮形目鸱鸮科
保护级别	国家二级保护

形态特征 体长 20～27 cm，无耳羽簇的小型鸮。上体褐色，具白色纵纹及点斑；头顶平，具浅色的平眉及宽阔的白色髭纹；肩上有两道白色或皮黄色的横斑；下体白色，具褐色杂斑及纵纹。虹膜：亮黄色；喙：角质黄色；脚：白色，被羽。

生活习性 多栖息于低山丘陵及森林边缘地带，常在白天及晨昏时分活动。好奇，常神经质地点头或转动；快速振翅做波浪状飞行。食物以鼠类为主，亦捕食小型鸟类、蛙类、昆虫等动物。

黄河湿地监测及分析 黄河湿地有分布，常见，为留鸟。

181. 长 耳 鸮

中文名称　长耳鸮
拉丁学名　*Asio otus*
英文名称　Long-eared Owl
分类地位　鸮形目鸱鸮科
保护级别　国家二级保护

形态特征　体长约 36 cm，中等体型。上体褐色，具暗色块斑及皮黄色和白色点斑；皮黄色圆面盘，面庞中央部位呈明显白色"X"形；具两只长长的"耳朵"，故名"长耳鸮"；下体皮黄色，具棕色杂纹及褐色纵纹或斑块。虹膜：橙黄色；喙：角质灰色；脚：偏粉色。

生活习性　栖于林间，翼长而窄，飞行从容。白天多隐伏于树上，时有活动；主要在夜间觅食，以昆虫、鼠类为食。

黄河湿地监测及分析　黄河湿地有分布，偶见数十只的较大种群，为冬候鸟。

长耳鸮　（李长看　摄）

长耳鸮 （李长看 摄）

182. 短 耳 鸮

中文名称	短耳鸮
拉丁学名	*Asio flammeus*
英文名称	Short-eared Owl
分类地位	鸮形目鸱鸮科
保护级别	国家二级保护

形态特征　体长约38 cm，中等体型，黄褐色。上体黄褐色，满布黑色和皮黄色纵纹；下体皮黄色，具深褐色纵纹；翼长，面庞显著，短小的耳羽簇于野外不可见。虹膜：亮黄色；喙：深灰色；脚：偏白。

生活习性　栖于山地、丘陵、林间，喜有杂草的开阔地。白天隐伏，晨昏时分活动。以鼠类为主，亦捕食小型鸟类等动物。

黄河湿地监测及分析　黄河湿地有小种群分布，为冬候鸟。

短耳鸮　（李全民　摄）

短耳鸮 （于建军 摄）

十六、犀鸟目 Bucerotiformes

　　大中型攀禽类。体羽以黑色、棕色、白色为主。喙长而下弯，具发达的羽冠或盔突。在洞穴中筑巢繁衍。犀鸟是亚洲和非洲热带地区最有特色的鸟类，长着引人注目的大喙，有些种类的喙是空心的，大而轻；有些种类的喙是实心的。既食果实，也食动物。

　　犀鸟目广布于全球，包括4科、19属、74种。中国分布有2科、6属、6种，黄河（河南段）湿地分布有1科、1种。

戴胜　（李艳霞　摄）

（二十九）戴胜科 Upupidae

中文名称	戴胜
拉丁学名	*Upupa epops*
英文名称	Eurasian Hoopoe
分类地位	犀鸟目戴胜科
保护级别	三有

形态特征　体长约 24 cm。通体呈棕栗色；喙长且下弯；头具显著羽冠，似"头戴优美的装饰"而得名；上背、翼小覆羽棕褐色；下背、肩黑褐色；腰白色，尾上覆羽基白色而端黑色；尾羽黑色，中部横贯一宽阔白斑。虹膜：褐色；喙：黑色；脚：黑色。

生活习性　主要栖息于开阔的园地和乡野间的树木上。以昆虫为食，兼食蚯蚓、螺类等。

黄河湿地监测及分析　黄河湿地甚为常见，为留鸟。

◀ 戴胜育雏　（李艳霞　摄）

▲ 戴胜　（李长看　摄）

十七、佛法僧目 Coraciiformes

　　小至大型攀禽。喙型多样，适应多种生活方式，腿短、脚弱、并趾型，翅短圆。大多穴居，雏鸟晚成性。分布广泛，形态结构多样，各科特化程度高；体型大小不一，生活方式多种多样。多数种类以昆虫等小动物为食，有些种类食鱼，还有些种类食果实。

　　佛法僧目广布于全球，以温热带居多。包括 6 科、35 属、178 种。中国分布有 3 科、11 属、22 种，黄河（河南段）湿地分布有 1 科、4 种。

普通翠鸟 （蔺艳芳　摄）

（三十）翠鸟科 Alcedinidae

中文名称　蓝翡翠
拉丁学名　*Halcyon pileata*
英文名称　Black-capped Kingfisher
分类地位　佛法僧目翠鸟科
保护级别　三有

形态特征　体长 28～30 cm。头黑色，喙红色；喉部、颈部及胸部白色。上体为紫蓝色，两胁及臀部沾棕色；翼上覆羽黑色，飞羽具大块白斑；尾蓝色，尾下黑色。虹膜：深褐色；喙：红色；脚：红色。

生活习性　栖息于河流两岸，常单独活动。站在水边的电线或树枝上注视水面，伺机捕食鱼、虾、蟹等小型水生动物。

黄河湿地监测及分析　黄河湿地有分布，为夏候鸟。

蓝翡翠　（王争亚　摄）

185. 普 通 翠 鸟

中文名称　普通翠鸟
拉丁学名　*Alcedo atthis*
英文名称　Common Kingfisher
分类地位　佛法僧目翠鸟科
保护级别　三有

形态特征　小型攀禽，体长约 15 cm。上体为金属浅蓝绿色，颈侧具白色点斑；下体橙棕色，颏白色；飞羽黑褐色，尾暗蓝色，胸以下为栗棕色。虹膜：褐色；喙：黑色（雄鸟），下颚橘黄色（雌鸟）；脚：红色。

生活习性　性孤独，常独自栖于临水的树枝或岩石上。主要以小鱼为食，兼食昆虫。

黄河湿地监测及分析　黄河湿地甚为常见，为留鸟。

普通翠鸟　（白瑞霞　摄）

普通翠鸟 （李振中 摄）

普通翠鸟 （白瑞霞 摄）

186. 冠 鱼 狗

中文名称　冠鱼狗
拉丁学名　*Megaceryle lugubris*
英文名称　Crested Kingfisher
分类地位　佛法僧目翠鸟科
保护级别　三有

形态特征　体长 40 cm，中等体型的黑白色鸟类。羽冠显著，黑底白斑；喙粗直，长而坚；上体体羽黑色，具规则的波纹状白色斑点；下体大部白色，前胸具显著的黑色斑块。雌鸟翼下黄棕色，雄鸟翼下白色。虹膜：褐色；喙：黑色；脚：黑色。

生活习性　栖息于林中溪流、清澈而缓流的小河、湖泊湿地。喜站立水域附近的输电线上瞭望，伺机捕食。主要捕食小鱼，兼食小型蛙类、甲壳类、水生昆虫以及少量水生植物。

黄河湿地监测及分析　黄河湿地偶见，为留鸟。

冠鱼狗（左雌右雄）　（王争亚　摄）

冠鱼狗 （徐林生 摄）

187. 斑 鱼 狗

中文名称　斑鱼狗
拉丁学名　*Ceryle rudis*
英文名称　Pied Kingfisher
分类地位　佛法僧目翠鸟科
保护级别　三有

形态特征　体长约 27 cm，中等体型，黑白色。上体黑色而多具白点，初级飞羽及尾羽基部白色而稍黑；下体白色，雄鸟有两条黑色胸带，前面一条较宽，后面一条较窄，雌鸟仅一条胸带。虹膜：褐色；喙：黑色；脚：黑色。与冠鱼狗的区别：体型较小，冠羽较小，具显眼白色眉纹。

生活习性　主要栖息于低山至平原溪流、湖泊等水域。能够悬停于空中，善于捕鱼而闻名。食物以小鱼为主，兼吃小型蛙类、甲壳类、多种水生昆虫等。

黄河湿地监测及分析　黄河湿地有分布，偶见，为留鸟。

斑鱼狗（中雄左、右雌）　（冯克坚　摄）

斑鱼狗 （冯克坚 摄）

十八、啄木鸟目 Piciformes

　　中小型攀禽。喙粗壮、长直如凿状；舌结构特殊，能伸出口外很长，勾取昆虫；对趾型足；尾羽多具坚硬的羽干，似第3足，支撑凿木。为林鸟，以昆虫，尤以树皮下的昆虫为主食；多在树干凿洞为巢，雏鸟晚成性。

　　啄木鸟目广布于全球，包括9科、71属、445种。中国分布有3科、19属、43种，黄河（河南段）湿地分布有1科、6种。

星头啄木鸟 （李长看 摄）

（三十一）啄木鸟科 Picidae

188. 蚁鴷

中文名称　蚁鴷
拉丁学名　*Jynx torquilla*
英文名称　Wryneck
分类地位　啄木鸟目啄木鸟科
保护级别　三有

形态特征　体长 16～19 cm，灰褐色啄木鸟。喙直，短锥状；具褐色后眼纹；上体灰褐色，具褐色蠹状斑；下体皮黄色，具暗色横斑。尾较长，具不明显的横斑。虹膜：淡褐色；喙：角质色；脚：褐色。

生活习性　栖息于森林、灌丛等生境，除繁殖期成对活动外，常单独活动。不啄木，多在地面取食，主要以蚂蚁、蚂蚁卵为食。

黄河湿地监测及分析　黄河湿地有分布，偶见，为旅鸟。

蚁鴷 （郭文　摄）

189. 斑姬啄木鸟

中文名称　斑姬啄木鸟
拉丁学名　*Picumnus innominatus*
英文名称　Speckled Piculet
分类地位　啄木鸟目啄木鸟科
保护级别　三有

形态特征　体长约10 cm，体型纤小。上体橄榄绿色，下体乳白色，杂有黑色斑点横纹；眉纹白色，过眼纹棕色，喉部及颈部近白色；中央尾羽白色。雄鸟前额圆斑橘黄色。虹膜：红色；喙：近黑色；脚：灰色。

生活习性　主要栖息于常绿阔叶林、竹林。常单独活动，多在地上或树枝上觅食。主要以昆虫为食。

黄河湿地监测及分析　黄河湿地有分布，罕见，为留鸟。

斑姬啄木鸟　（杨旭东　摄）

190. 棕 腹 啄 木 鸟

中文名称　棕腹啄木鸟
拉丁学名　*Dendrocopos hyperythrus*
英文名称　Rufous-bellied Woodpecker
分类地位　啄木鸟目啄木鸟科
保护级别　三有

形态特征　体长 20～25 cm。雄鸟头顶至后颈、侧颈、尾下覆羽红色。背部、两翼和腰黑色，上具成排的白色横斑。头侧及下体棕色。臀红色。雌鸟顶冠黑色，具白点。虹膜：褐色；喙：灰而端黑；脚：灰色。

生活习性　栖息于森林，多在树冠层活动和觅食。善在树木上攀爬，啄破树皮，用细长而带钩的舌头捕食昆虫。

黄河湿地监测及分析　黄河湿地有分布，为冬候鸟或旅鸟。

棕腹啄木鸟　（李长看　摄）

星头啄木鸟　（李长看　摄）

191. 星头啄木鸟

中文名称　星头啄木鸟
拉丁学名　*Picoides canicapillus*
英文名称　Grey-capped Woodpecker
分类地位　啄木鸟目啄木鸟科
保护级别　三有

形态特征　体长 14～17 cm，具黑白色条纹的啄木鸟。额、头顶灰色；眉纹白色，宽阔且延伸至颈侧；上体黑色，背部具白色斑块；翅黑色，具白色斑。下体棕褐色，具黑色纵纹。雄鸟眼后上方具红色条纹。虹膜：淡褐色；喙：灰色；脚：灰绿色。

生活习性　常单独或成对活动，通常营巢于树洞中，多在树木中上部攀爬，以各类昆虫为主食。

黄河湿地监测及分析　黄河湿地较为常见，为留鸟。

192. 大斑啄木鸟

中文名称　大斑啄木鸟
拉丁学名　*Dendrocopos major*
英文名称　Great Spotted Woodpecker
分类地位　啄木鸟目啄木鸟科
保护级别　三有

形态特征　中型攀禽，体长 20 ~ 25 cm。体羽黑白相间，上体黑色，下体白色；颈侧具黑色宽纹；肩部和两翼具白色斑点；尾下覆羽红色。雄鸟头顶红色，雌鸟头顶、枕部及后颈黑色。虹膜：近红色；喙：灰色；脚：灰色。

生活习性　主要栖息于山地和平原针叶林、针阔叶混交林和阔叶林。多在树干和粗枝上觅食，主要以甲虫、小蠹虫、蝗虫等昆虫为食。

黄河湿地监测及分析　黄河湿地较为常见，为留鸟。

▲ 大斑啄木鸟雄鸟　（李长看　摄）

▲ 大斑啄木鸟雌鸟　（马继山　摄）

193. 灰头绿啄木鸟

中文名称　灰头绿啄木鸟
拉丁学名　*Picus canus*
英文名称　Grey-faced Woodpecker
分类地位　啄木鸟目啄木鸟科
保护级别　三有

形态特征　中型攀禽，体长 20～25 cm。体羽绿色，下体灰色；头灰色，眼先和枕部黑色。飞羽黑色，具白色横斑。雄鸟头顶红色，雌鸟头顶黑色或灰色。喙粗壮，长直如凿状；尾羽具坚硬的羽干，似第 3 足，支撑凿木。虹膜：红褐色；喙：近灰色；脚：蓝灰色。

生活习性　主要栖息于低山阔叶林和混交林。常单独或成对活动，鲜见成群；飞行迅速，呈波浪式前进；在树木上攀缘凿洞觅食，用长舌粘钩出树皮下或木质部里的幼虫；以各种昆虫为主食，偶食植物果实和种子。

黄河湿地监测及分析　黄河湿地甚为常见，为留鸟。

灰头绿啄木鸟雌鸟　（李长看　摄）

灰头绿啄木鸟雄鸟 （蔺艳芳 摄）

十九、隼形目 Falconiformes

　　昼行性中小型猛禽。体形矫健，飞行迅捷；嘴短而弯曲，适于撕裂猎物吞食；两眼侧置，视力敏锐，可远距离锁定猎物；翅较狭尖，扇翅频率高，速度极快；脚和趾强健有力，趾端钩爪锐利，通常3趾向前，1趾向后，呈不等趾型。体羽色较单调，多数为暗色。雌雄共同哺育后代，雏鸟晚成性。

　　隼形目广布于全球，包括4科、75属、266种。中国分布有2科、24属、55种，黄河（河南段）湿地分布有1科、7种。

红隼 （李长看 摄）

（三十二）隼科 Falconidae

194. 黄 爪 隼

中文名称　黄爪隼
拉丁学名　*Falco naumanni*
英文名称　Lesser Kestrel
分类地位　隼形目隼科
保护级别　国家二级保护

形态特征　体长 29～32 cm。雄鸟色彩较鲜艳，黑色点斑较少；头部蓝灰色；上体赤褐色，腰及尾部蓝灰色；翼上覆羽蓝灰色；下体淡棕色，颏及臀白色；胸部具稀疏黑斑；尾近端处有黑色横带，端部白色。雌鸟红褐色较重，上体具横斑及点斑，下体具深色纵纹。尾呈楔形。爪浅色。似红隼，体型较小。虹膜：褐色；喙：灰色；脚：黄色，爪黄色。

生活习性　栖息于荒山旷野、草地、河谷等生境；常在飞行中频繁滑翔。主要以蝗虫、甲虫等大型昆虫为食，也捕食鼠类、小型鸟类等。

黄河湿地监测及分析　黄河湿地偶见，为旅鸟或夏候鸟。

◀ 黄爪隼（左雄右雌）　（郭浩　摄）

▲ 黄爪隼雌鸟　（郭浩　摄）

195. 红　隼

中文名称	红隼
拉丁学名	*Falco tinnunculus*
英文名称	Common Kestrel
分类地位	隼形目隼科
保护级别	国家二级保护

形态特征　小型猛禽，体长 33 cm。体羽赤褐色。雄鸟头顶及颈背灰色，尾蓝灰色无横斑，上体赤褐色略具黑色横斑，下体皮黄色而具黑色纵纹；雌鸟体型略大，上体全褐色，比雄鸟少赤褐色而多粗横斑。虹膜：褐色；喙：灰色而端黑；脚：黄色，爪黑色。

生活习性　栖息于混合林、旷野灌丛草地，停栖在柱子或输电线、塔上。喜在空中盘旋或悬停，寻找目标，猛扑猎物。主要以鼠类等小型动物为食。

黄河湿地监测及分析　黄河湿地有分布，较常见，为留鸟。

红隼　（李长看　摄）

▲ 红脚隼雄鸟 （李长看 摄）

▲ 红脚隼（上雌下雄） （马继山 摄）

196. 红 脚 隼

中文名称　红脚隼
拉丁学名　*Falco amurensis*
英文名称　Eastern Red-footed Falcon
分类地位　隼形目隼科
保护级别　国家二级保护

形态特征　小型猛禽，体长约 31 cm 的灰色隼。雌雄异色，上体大都为青黑色，腿、腹部及臀棕色。雌鸟额白色，头顶灰色具黑色纵纹；尾具黑色横斑；下体乳白色，具醒目的黑色纵纹；翼下白色并具黑色斑。雄鸟上体大都为石板黑色。虹膜：暗褐色；喙：灰色，蜡膜橙红色；脚：红色。

生活习性　主要栖息于低山、林缘、农田耕地等开阔地区。喜停栖于柱子或输电线、塔上。黄昏后捕捉昆虫，有时结群捕食。

黄河湿地监测及分析　黄河湿地有分布，可见数十只的种群。为旅鸟，部分为留鸟。

灰背隼雄鸟 （王建平 摄）

197. 灰 背 隼

中文名称　灰背隼
拉丁学名　*Falco columbarius*
英文名称　Merlin
分类地位　隼形目隼科
保护级别　国家二级保护

形态特征　体长 24~33 cm，雌雄异色。雄鸟头顶及上体蓝灰色，具黑色羽干纹；眉纹白色；后颈蓝灰色，有一棕褐色的领圈，并杂有黑斑；尾羽蓝灰色，具黑色次端斑，端部白色；下体黄褐色，具有黑色纵纹。雌鸟及亚成鸟上体灰褐色，腰灰色，眉纹及喉白色；下体偏白色，胸部及腹部具深褐色斑纹，尾部具近白色横斑。虹膜：褐色；喙：灰色；脚：黄色。

生活习性　栖息于开阔丘陵、平原、河谷；常单独活动，飞速快，喜贴地低空飞行，捕捉小型鸟类、鼠类、昆虫等。

黄河湿地监测及分析　黄河湿地有分布，罕见，为旅鸟。

灰背隼雌鸟 （王建平 摄）

198. 燕隼

中文名称　燕隼
拉丁学名　*Falco subbuteo*
英文名称　Hobby
分类地位　隼形目隼科
保护级别　国家二级保护

形态特征　体长 28～36 cm，黑白色隼。上体为深灰色，下体白色，具暗色纵纹（有别于游隼的横纹）；眉纹白色，喉部及两颊白色；头部具一道明显的黑色髭纹；翼长而尖。虹膜：褐色；喙：灰色；脚：黄色。

生活习性　栖息于有稀疏林木的低山、平原、耕地；多站立于树上、电线杆或土堆上。飞行快速而敏捷，飞行中捕捉昆虫及鸟类。

黄河湿地监测及分析　黄河中游湿地有分布，罕见，为夏候鸟。

燕隼　（魏谨　摄）

燕隼　（李长看　摄）

燕隼　（郭文　摄）

199. 猎 隼

中文名称　猎隼
拉丁学名　*Falco cherrug*
英文名称　Saker Falcon
分类地位　隼形目隼科
保护级别　国家一级保护

形态特征　体长 45～55 cm，体色浅，中型猛禽。颈背偏白色，头顶浅褐色；眼下方具不明显的黑色线条，眉纹白色。上体多褐色而略具横斑，与翼尖的深褐色成对比；尾具狭窄的白色羽端；下体偏白色，翼尖深色，翼下大覆羽具黑色细纹。虹膜：褐色；喙：灰色；脚：浅黄色。

生活习性　栖息于山地、丘陵、河谷、平原等生境，常单独或成对活动。性凶猛，飞行快速有力，猎食中小型鸟类、兽类。

黄河湿地监测及分析　黄河湿地有分布，罕见，为旅鸟或冬候鸟。

猎隼　（李艳霞　摄）

猎隼 （李长看 摄）

200. 游 隼

中文名称	游隼
拉丁学名	*Falco peregrinus*
英文名称	Peregrine Falcon
分类地位	隼形目隼科
保护级别	国家二级保护

形态特征 中型猛禽，体长约 45 cm，强壮，深色隼。雌鸟比雄鸟体型大；成鸟头顶及脸颊近黑色或具黑色条纹；上体深灰色具黑色点斑及横纹；下体白色，胸具黑色纵纹，腹部、腿及尾下多具黑色横斑。虹膜：黑色；喙：灰色；腿：黄色；脚：黄色。

生活习性 栖息于山地、丘陵、沼泽、耕地和村落附近等。常成对活动，为世界上飞行最快的鸟种之一，有时做特技飞行。从高空呈螺旋形而下猛扑猎物，以小型鸟类为食，亦捕食鼠类。

黄河湿地监测及分析 黄河湿地有分布，罕见，为冬候鸟。

游隼 （李长看 摄）

游隼 （王恒瑞 摄）

二十、雀形目 Passeriformes

中小型鸣禽。喙形多样，适于多种类型的生活习性；腿细弱，跗跖后缘鳞片常愈合为整块鳞板；离趾型足，趾三前一后；鸣管结构及鸣肌复杂，大多善于鸣啭，叫声多变悦耳；常有复杂的占区、营巢、求偶行为；筑巢大多精巧，雏鸟晚成性。

雀形目种类及数量众多，占鸟类全部种类的一半以上。中国分布有55科，黄河（河南段）湿地分布有32科、129种。

震旦鸦雀　（刘东洋　摄）

（三十三）黄鹂科 Oriolidae

201. 黑 枕 黄 鹂

中文名称　黑枕黄鹂
拉丁学名　*Oriolus chinensis*
英文名称　Black-naped Oriole
分类地位　雀形目黄鹂科
保护级别　三有

形态特征　体长23~27 cm，中等体型。体羽大部分呈金黄色；喙粗厚，嘴峰稍向下弯曲；因黑色过眼纹延至枕部而得名；翅、飞羽和尾黑色。雄鸟体羽余部艳黄色，雌鸟色较暗淡，下背黄绿色。虹膜：红色；喙：粉红色；腿：近黑色。

生活习性　主要栖息于低山丘陵和山脚平原地带的树林。常在树冠层活动，鸣叫洪亮悦耳，飞翔呈波浪式。常单独或成对活动，有时集小群。主要以昆虫为食，也吃少量植物果实与种子。

黄河湿地监测及分析　黄河湿地有少量分布，为夏候鸟。

◀ 黑枕黄鹂雌鸟　（老冒　摄）

▲ 黑枕黄鹂雄鸟　（方太命　摄）

（三十四）山椒鸟科 Campephagidae

202. 暗 灰 鹃 鵙

中文名称　暗灰鹃鵙
拉丁学名　*Lalage melaschistos*
英文名称　Black-winged Cuckooshrike
分类地位　雀形目山椒鸟科
保护级别　三有

形态特征　体长约 22 cm，雄鸟青灰色，两翼亮黑色，尾下覆羽白色；下体蓝灰色，尾羽黑色，三枚外侧尾羽的羽尖白色。雌鸟似雄鸟，但色浅，下体及耳羽具白色横斑，白色眼圈不完整，翼下通常具一小块白斑。虹膜：红褐色；喙：黑色；腿：蓝色。

生活习性　栖息于开阔林地等生境。杂食性，主食昆虫，也吃蜘蛛、蜗牛、少量植物种子。

黄河湿地监测及分析　黄河湿地有分布，罕见，为夏候鸟。

暗灰鹃鵙　（李长看　摄）

暗灰鹃鵙 （李长看 摄）

203. 灰山椒鸟

中文名称　灰山椒鸟
拉丁学名　*Pericrocotus divaricatus*
英文名称　Ashy Minivet
分类地位　雀形目山椒鸟科
保护级别　三有

形态特征　体长 18～21 cm。前额、头顶前部、颈侧白色。上体灰色。下体白色，腰灰色。两翅黑色，翅上具白色翅斑。雄鸟顶冠、眼先和过眼纹黑色。雌鸟头顶头部和上体均为灰色。虹膜：暗褐色；喙：黑色；腿：黑色。

生活习性　栖息于林区，活动于树冠层，捕食昆虫。

黄河湿地监测及分析　黄河湿地有分布，罕见，为旅鸟。

灰山椒鸟　（郭文　摄）

204. 小 灰 山 椒 鸟

中文名称　小灰山椒鸟
拉丁学名　*Pericrocotus cantonensis*
英文名称　Swinhoe's Minivet
分类地位　雀形目山椒鸟科
保护级别　三有

形态特征　体长约 18 cm，黑、灰及白色山椒鸟。上体灰色；前额白色显著，颈背灰色较浓；下体白色，腰及尾上覆羽为浅皮黄色，通常具醒目的白色翼斑。雌鸟似雄鸟，但褐色较浓，有时无白色翼斑。虹膜：褐色；喙：黑色；腿：黑色。

生活习性　栖息于林区，活动于树冠层，捕食昆虫。

黄河湿地监测及分析　黄河中游湿地有分布，罕见，为夏候鸟。

◀ 小灰山椒鸟　（李长看　摄）

▲ 小灰山椒鸟　（李艳霞　摄）

205. 长 尾 山 椒 鸟

中文名称　长尾山椒鸟
拉丁学名　*Pericrocotus ethologus*
英文名称　Long-tailed Minivet
分类地位　雀形目山椒鸟科
保护级别　三有

形态特征　体长 17~20 cm，雌雄异色。雄鸟头、颈、喉和上背亮黑色；下体赤红色；两翅和尾黑色，翅上具红色翅斑；尾形长，最外侧尾羽为红色。雌鸟前额黄色，头顶至后颈暗褐灰色；颊、耳羽灰色，颏黄白色。雄鸟体色为红色的区域，雌鸟为黄色。虹膜：褐色；喙：黑色；腿：黑色。

生活习性　栖息于各种林地，常集成小群至大群，在树冠层活动。主要以昆虫为食。

黄河湿地监测及分析　黄河三门峡段湿地有分布，罕见，为夏候鸟。

◀ 长尾山椒鸟雄鸟 　（李长看　摄）

▲ 长尾山椒鸟雌鸟 　（郭文　摄）

（三十五）卷尾科 Dicruridae

206. 黑 卷 尾

中文名称　黑卷尾
拉丁学名　*Dicrurus macrocercus*
英文名称　Black Drongo
分类地位　雀形目卷尾科
保护级别　三有

形态特征　体长 28～30 cm，中等体型。体羽黑色，背和胸部具蓝绿色金属光泽；尾长呈叉状，最外侧尾羽最长且先端微曲上卷，故得名"卷尾"。虹膜：红色；喙：黑色；腿：黑色。

生活习性　主要栖息于低山丘陵和山脚平原的溪谷、田野、林地，常立在树木，输电线、塔上。成对或集小群活动，领域性甚强。主要捕食昆虫。

黄河湿地监测及分析　黄河湿地有广泛分布，种群数量较多，为夏候鸟。

黑卷尾 （李长看 摄）

发冠卷尾 （王争亚 摄）

207. 发 冠 卷 尾

中文名称　发冠卷尾
拉丁学名　*Dicrurus hottentottus*
英文名称　Hair-crested Drongo
分类地位　雀形目卷尾科
保护级别　三有

形态特征　体长 28～31 cm，体型略大。通体黑色具蓝绿色金属光泽。因额部具发丝状羽冠，向后垂于背上而得名；尾呈叉状尾，外侧羽端钝而上翘。虹膜：暗褐色；喙：黑色；脚：黑色。

生活习性　主要栖息于低山丘陵、沟谷地带，多在常绿阔叶林及次生林活动。白天多单独活动，晨昏时分常结群栖于树上，飞行快而有力，领域性强。主要捕食昆虫，兼食少量植物果实、种子、叶芽等。

黄河湿地监测及分析　黄河湿地有分布，偶见，为夏候鸟。

发冠卷尾育雏 （蔺艳芳 摄）

208. 灰 卷 尾

中文名称	灰卷尾
拉丁学名	*Dicrurus leucophaeus*
英文名称	Ashy Drongo
分类地位	雀形目卷尾科
保护级别	三有

形态特征　体长26～28 cm。全身暗灰色，眼先及两颊为纯白色，故又名白颊卷尾；尾长而深开叉，尾羽上有不明显的浅黑色横纹。虹膜：暗红色；喙：灰黑色；腿：黑色

生活习性　栖息于林间，喜站立于林间空地的裸露枝或藤上，捕食昆虫。

黄河湿地监测及分析　黄河湿地有分布，罕见，为夏候鸟。

灰卷尾　（李长看　摄）

灰卷尾 （李艳霞　摄）

（三十六）王鹟科 Monarchidae

209.

中文名称	寿带
拉丁学名	*Terpsiphone incei*
英文名称	Chinese Paradise Flycatcher
分类地位	雀形目王鹟科
保护级别	三有

形态特征 体长约 30 cm，因中央两根尾羽长达身体的数倍，形似绶带，故名。到了老年，全身羽毛成为白色，拖着白色的长尾，飞翔于林间，又名一枝花。雄鸟有栗色、白色两种色型。头部闪亮黑色，头顶冠羽，鸣叫时可耸起，白色型体羽纯白，栗色型背栗腹白，翅亦为栗色。雌鸟尾羽较雄鸟短小。虹膜：褐色；喙：蓝色；脚：蓝色。

生活习性 主要栖息于低山丘陵、平原地带的灌丛、疏林和林缘地带。杯状巢筑于树杈间，以树皮和禾草为巢材。主要捕食昆虫等，偶尔吃少量草籽，是消灭害虫的能手。

黄河湿地监测及分析 黄河湿地有分布，罕见，为夏候鸟。

寿带雄鸟（白色型）　（李全民　摄）

寿带雄鸟（栗色型）　（王争亚　摄）

（三十七）伯劳科 Laniidae

210. 虎纹伯劳

中文名称　虎纹伯劳
拉丁学名　*Lanius tigrinus*
英文名称　Tiger Shrike
分类地位　雀形目伯劳科
保护级别　三有

形态特征　体长 17~18 cm。颈背灰色；上体、翅栗棕色，具黑色波状横纹；过眼纹宽且黑色；下体白色，两胁具褐色横斑。雄鸟额基黑色且与黑色贯眼纹相连；雌鸟似雄鸟但眼先及眉纹色浅，两胁缀有黑褐色波状横纹。虹膜：褐色；喙：蓝色；腿：灰色。

生活习性　通常单独或成对活动。性凶猛，常在林缘地带觅食，藏身于树上或灌丛中，潜伏观察猎物。食物以昆虫为主，偶尔袭击小型鸟类。

黄河湿地监测及分析　黄河湿地有分布，偶见，为夏候鸟。

虎纹伯劳（上雄下雌）　（蔺艳芳　摄）

虎纹伯劳雄鸟 （宋建超 摄）

虎纹伯劳雄鸟 （李艳霞 摄）

211. 牛头伯劳

中文名称　牛头伯劳
拉丁学名　*Lanius bucephalus*
英文名称　Bull-headed Shrike
分类地位　雀形目伯劳科
保护级别　三有

形态特征　体长 19~20 cm。头顶至后颈栗色或栗红色；眉纹白色，颊、喉棕白色；背、肩、腰和尾上覆羽灰褐色。下体浅棕色或棕色，具黑褐色波状横斑。飞行时初级飞羽基部的白色块斑明显。雄鸟过眼纹黑色，翅黑褐色具白色翅斑。雌鸟过眼纹栗色，翅斑不明显。虹膜：深褐色；喙：灰色；腿：灰色。

生活习性　栖息于林地、林缘，常单独或成对活动；性活泼，常在林间跳跃；停栖在树枝、电线等高处观察，一旦发现猎物，迅速扑抓。肉食性，以无脊椎动物为食，也吃植物种子。

黄河湿地监测及分析　黄河湿地有分布，偶见，为旅鸟。

牛头伯劳　（郭浩　摄）

牛头伯劳雄鸟 （李长看 摄）

212. 红 尾 伯 劳

中文名称　红尾伯劳
拉丁学名　*Lanius cristatus*
英文名称　Brown Shrike
分类地位　雀形目伯劳科
保护级别　三有

形态特征　体长19～20 cm，中等体型，淡褐色伯劳。喙粗壮、侧扁，先端具利钩及齿突；腿强健，趾具利爪；上体褐色，下体棕白色；颏、喉白色；前额灰色，眉纹白色，贯眼纹黑色，头顶灰色或红棕色；尾楔形，尾羽棕褐色，尾上覆羽红棕色。虹膜：褐色；喙：黑色；脚：灰黑色。

生活习性　主要栖息于低山丘陵和山脚平原地带的灌丛、疏林和林缘地带。单独或成对活动。主要以昆虫等为食，偶吃少量草籽。

黄河湿地监测及分析　黄河湿地有分布，种群较大，为夏候鸟。

红尾伯劳雄鸟　（白瑞霞　摄）

红尾伯劳雌鸟 （李长看 摄）

213. 棕 背 伯 劳

中文名称　棕背伯劳
拉丁学名　*Lanius schach*
英文名称　Long-tailed Shrike
分类地位　雀形目伯劳科
保护级别　三有

形态特征　体长 23～28 cm，体型略大。喙粗壮、侧扁，先端具利钩及齿突；额、头顶、两翼黑色，具黑色贯眼纹。颏、喉、胸及腹中心部位白色，背红棕色。尾长，黑色，外侧尾羽皮黄褐色。虹膜：褐色；喙：黑色；脚：黑色。

生活习性　主要栖息于低山丘陵、山脚平原的林地；除繁殖期成对活动外，多单独活动；性凶猛，领域性强，能击杀比自己体型还大的鸟，为雀形目中的"猛禽"；主要捕食昆虫、鸟类等，偶尔吃少量草籽。

黄河湿地监测及分析　黄河湿地有广泛分布，种群较大，为留鸟。

◀ 棕背伯劳 　（李长看　摄）

▲ 棕背伯劳 　（马继山　摄）

棕背伯劳　（律国建　摄）

楔尾伯劳 （冯克坚 摄）

214. 楔 尾 伯 劳

中文名称　楔尾伯劳
拉丁学名　*Lanius sphenocercus*
英文名称　Chinese Grey Shrike
分类地位　雀形目伯劳科
保护级别　三有

形态特征　体长 28～31 cm，体型较大，又名长尾灰伯劳。喙粗壮，腿强健、趾具利爪；贯眼纹黑色，体灰色，两翼黑色，飞羽基部白色，形成较宽的白色斑带。尾羽长，楔状，黑色，外侧尾羽白色。虹膜：褐色；喙：灰色；脚：黑色。

生活习性　主要栖息于森林、林缘和丘陵地带。常单独或成对活动，性凶猛。主要以昆虫为食，也捕食小型鸟类、鼠类等小型脊椎动物。

黄河湿地监测及分析　黄河湿地有分布，偶见，主要为冬候鸟。

楔尾伯劳 （郭文 摄）

（三十八）鸦科 Corvidae

215. 灰 喜 鹊

中文名称　灰喜鹊
拉丁学名　*Cyanopica cyanus*
英文名称　Azure-winged Magpie
分类地位　雀形目鸦科
保护级别　三有

形态特征　体长 33～40 cm，体型较小，灰色。额至后颈黑色，具蓝色金属光泽；背灰色，两翼灰蓝色，初级飞羽外缘端部白色。尾长呈凸状，灰蓝色，具白色端斑。虹膜：褐色；喙：黑色；脚：黑色。

生活习性　主要栖息于低山丘陵和山脚平原地区的次生林、人工林、阔叶林、城市公园和城镇居民区。飞行时振翼快，做长距离的无声滑翔。多成小群活动，杂食性，以动物性食物为主。

黄河湿地监测及分析　黄河湿地分布广泛，种群大，为留鸟。

灰喜鹊　（李长看　摄）

灰喜鹊 （马继山 摄）

灰喜鹊亚成鸟 （李长看 摄）

红嘴蓝鹊 （李长看 摄）

216. 红 嘴 蓝 鹊

中文名称　红嘴蓝鹊
拉丁学名　*Urocissa erythrorhyncha*
英文名称　Red-billed Blue Magpie
分类地位　雀形目鸦科
保护级别　三有

形态特征　体长 53～68 cm，体态、羽色极为艳丽的鸦科鸟类。喙和脚红色；头部、颈部、喉和胸部黑色；枕部白色延伸至头顶；上体紫蓝灰色或淡蓝灰褐色；腹部及臀部白色；尾长，呈楔形，中央尾羽最长且白色端斑。虹膜：红色；喙：红色；腿：红色。

生活习性　栖息于森林、林缘、村落等生境；性情凶猛，喜结小群活动，多在树上觅食，有时也会下到地面。以果实、小型鸟类及卵、昆虫和动物尸体为食。

黄河湿地监测及分析　黄河中游湿地有分布，小种群，为留鸟。

红嘴蓝鹊 （王争亚 摄）

红嘴蓝鹊 （李艳霞 摄）

217. 喜 鹊

中文名称	喜鹊
拉丁学名	*Pica serica*
英文名称	Oriental Magpie
分类地位	雀形目鸦科
保护级别	三有

形态特征 体长45～60 cm，黑白色鹊。头、颈、胸、背、尾黑色，腹白色；两翼及尾黑色，具蓝绿色、绿色等光泽，翼上具大型白斑；尾长，呈楔形。虹膜：褐色；喙：黑色；脚：黑色。

生活习性 栖息地多样，主要栖息于低山、丘陵、平原、农田及村镇。大多成对活动，喜欢将巢筑在居民区附近的乔木上，在居民点附近活动。冬日结大群，叫声响亮，性凶猛，机警。杂食性，主食昆虫，兼食种子。

黄河湿地监测及分析 黄河湿地分布广泛，种群较大，为留鸟。

喜鹊 （马继山 摄）

喜鹊 （李长看 摄）

喜鹊亚成鸟 （李长看 摄）

218. 红 嘴 山 鸦

中文名称	红嘴山鸦
拉丁学名	*Pyrrhocorax pyrrhocorax*
英文名称	Red-billed Chough
分类地位	雀形目鸦科
保护级别	三有

形态特征 体长约 40 cm。喙短而下弯；脚红色；体羽黑色，具蓝色金属光泽；尾平，较短。虹膜：偏红色；喙：红色；腿：红色。

生活习性 栖息于低山、河谷、灌丛、草甸、农田等生境；常集群活动和觅食。主要捕食昆虫、蚂蚁等动物性食物，兼食果实、种子等植物性食物。

黄河湿地监测及分析 黄河中游湿地有分布，偶见，为留鸟。

红嘴山鸦 （李长看 摄）

红嘴山鸦 　（李长看　摄）

219. 星 鸦

中文名称　星鸦
拉丁学名　*Nucifraga caryocatactes*
英文名称　Spotted Nutcracker
分类地位　雀形目鸦科
保护级别　三有

形态特征　体长约 32 cm，近咖啡色而密布白色斑点的鸦。臀及尾角白色，形短的尾、强直的嘴，略显壮实。虹膜：深褐色；喙：黑色；脚：黑色。

生活习性　主要栖息于针叶林、针阔混交林、果园等生境。单独或成对活动，偶成小群。以松子等为食。

黄河湿地监测及分析　黄河中游湿地有分布，为留鸟。

◀ 星鸦 （冯克坚 摄）

▲ 星鸦 （李长看 摄）

▲ 达乌里寒鸦亚成鸟 （李艳霞 摄）

▲ 达乌里寒鸦 （李长看 摄）

220. 达乌里寒鸦

中文名称	达乌里寒鸦
拉丁学名	*Corvus dauuricus*
英文名称	Daurian Jackdaw
分类地位	雀形目鸦科
保护级别	三有

形态特征 小型鸦类，体长34～36 cm。全身羽毛主要为黑色；颈圈白色，延伸至胸部和腹部，故而又名白脖寒鸦，其余体羽黑色。第1年亚成鸟冬季体羽全部为近黑色。虹膜：深褐色；喙：黑色；腿：黑色。

生活习性 栖息于山地、丘陵、农田、旷野等各类生境，常集大群，有时与大嘴乌鸦等鸦类混群。杂食性，主要以昆虫为食，也吃动物尸体、垃圾及植物种子、嫩芽等。

黄河湿地监测及分析 黄河湿地有分布，多与鸦类混群，为留鸟。

221. 秃鼻乌鸦

中文名称	秃鼻乌鸦
拉丁学名	*Corvus frugilegus*
英文名称	Rook
分类地位	雀形目鸦科
保护级别	三有

形态特征　体长 46～53 cm，体型略大，黑色。喙基部裸露皮肤呈灰白色，因而得名；全身体羽黑色，具光泽；飞行时尾端楔形，两翼较长窄，翼尖"手指"显著，头显突出。虹膜：深褐色；喙：黑色；脚：黑色。

生活习性　主要栖息于低山、丘陵、平原、河流、农田、村庄各类生境，常集大群活动。杂食性，既吃动物腐尸，也吃昆虫、青蛙、植物种子等。

黄河湿地监测及分析　黄河湿地有较大种群分布，为留鸟。

秃鼻乌鸦　（阎国伟　摄）

秃鼻乌鸦 （李长看 摄）

222. 小 嘴 乌 鸦

中文名称　小嘴乌鸦
拉丁学名　*Corvus corone*
英文名称　Carrion Crow
分类地位　雀形目鸦科
保护级别　三有

形态特征　体长 45～53 cm，体型大的黑色鸦。喙虽强劲但形显细小，基部被黑色羽，伸达鼻孔；额弓较低，有别于大嘴乌鸦；后颈的毛羽羽瓣较明显；体羽黑色，带有紫绿色金属光泽。虹膜：褐色；喙：黑色；脚：黑色。

生活习性　主要栖息于低山、平原和山地阔叶林、针阔混交林、针叶林及人工林。喜结大群栖息越冬，多在树上停息，觅食则在地上快步或慢步行走，很少跳跃。杂食性，主要以无脊椎动物、动物腐尸、垃圾等为食。

黄河湿地监测及分析　黄河湿地有分布，为留鸟。

小嘴乌鸦　（李长看　摄）

小嘴乌鸦 （李长看 摄）

大嘴乌鸦 小嘴乌鸦 秃鼻乌鸦

3种乌鸦喙比较

223. 大 嘴 乌 鸦

中文名称　大嘴乌鸦
拉丁学名　*Corvus macrorhynchos*
英文名称　Large-billed Crow
分类地位　雀形目鸦科
保护级别　三有

形态特征　体长 50～52 cm，体型大的黑色鸦。通体黑色，体羽具紫绿色金属光泽；喙甚粗厚，略弯曲，峰嵴明显，喙基具长羽达鼻孔处，额隆起明显，是识别特征；尾长，呈楔状。虹膜：褐色；喙：黑色；脚：黑色。

生活习性　栖息于低山、平原各种森林，城市、村落等各种生境。繁殖期成对生活，其他季节常集群活动。性机警，多在树上或地上栖息。适应能力很强，杂食性，主要以昆虫为食，也吃雏鸟、鼠类，动物尸体以及植物的果实、种子等。

黄河湿地监测及分析　黄河湿地分布广泛，种群较大，为留鸟。

大嘴乌鸦　（李长看　摄）

大嘴乌鸦 （李长看　摄）

（三十九）山雀科 Paridae

224. 大山雀

中文名称　大山雀
拉丁学名　*Parus minor*
英文名称　Great Tit
分类地位　雀形目山雀科
保护级别　三有

形态特征　中等体型，体长 13～15 cm。上体蓝灰色，背略带绿色，腹白沾黄色；头、喉黑色，因脸部具大块白斑而又名"白脸山雀"；翼上具一道醒目的白色条纹；一道黑色带沿胸中央而下，酷似领带。虹膜：褐色；喙：黑色；脚：暗褐色。

生活习性　主要栖息于低山和山麓地带的次生林、阔叶林和针阔叶混交林、针叶林等。性活跃，常在树枝间穿梭跳跃，鸣声悦耳；成对或成小群活动。主要以昆虫为食，兼食草籽等。

黄河湿地监测及分析　黄河湿地常见，为留鸟。

大山雀　（马继山　摄）

大山雀 （李长看 摄）

大山雀 （马继山 摄）

225. 煤 山 雀

中文名称　煤山雀
拉丁学名　*Periparus ater*
英文名称　Coal Tit
分类地位　雀形目山雀科
保护级别　三有

形态特征　体长 9～12 cm。头顶、颈侧、喉及上胸黑色；头具短的黑色冠羽；颈背部中央白色；翼上具两道白色翼斑；背灰色或橄榄灰色；腹部白色，或有皮黄色。虹膜：褐色；喙：黑色；腿：青灰色。

生活习性　多集小群，或与其他山雀混群活动。于树叶或树枝间跳跃觅食。

黄河湿地监测及分析　黄河湿地有分布，偶见，为留鸟。

煤山雀　（李长看　摄）

煤山雀　（李长看　摄）

226. 黄 腹 山 雀

中文名称　黄腹山雀
拉丁学名　*Pardaliparus venustulus*
英文名称　Yellow-bellied Tit
分类地位　雀形目山雀科
保护级别　三有

形态特征　体长 9～11 cm。雌雄异色，喙甚短。雄鸟头及胸部黑色，脸颊及颈后具有白色斑块；上体蓝灰色，下背和腰部亮蓝灰色；翼上具两排白色点斑；下体黄色。雌鸟头部灰色较重，喉白色，与颊斑之间有灰色的下颊纹，眉略具浅色点。虹膜：褐色；喙：黑色；腿：蓝灰色。

生活习性　栖息于森林、林缘等生境；冬季集大群活动，于树间跳跃穿梭。主要以昆虫为食。

黄河湿地监测及分析　黄河湿地有分布，罕见，为留鸟。

黄腹山雀雄鸟　（李长看　摄）

黄腹山雀雌鸟 （晓筱 摄）

黄腹山雀雄鸟 （李艳霞 摄）

227. 绿背山雀

中文名称	绿背山雀
拉丁学名	*Parus monticolus*
英文名称	Green-backed Tit
分类地位	雀形目山雀科
保护级别	三有

形态特征　体长 11～13 cm。肩部绿色与头部黑色交界处有一条亮黄色细纹；背部黄绿色，腹部黄色带黑色纵纹；翼上具两道白色条纹；下体黄色，具宽阔的黑色中央纵纹。虹膜：褐色；喙：黑色；腿：青灰色。

生活习性　栖息于中低海拔的山区林地。成对或集小群活动。以昆虫为食。

黄河湿地监测及分析　黄河中游湿地有分布，偶见，为留鸟。

绿背山雀 （李长看 摄）

绿背山雀 （李长看 摄）

（四十）攀雀科 Remizidae

228. 中 华 攀 雀

中文名称　中华攀雀
拉丁学名　*Remiz consobrinus*
英文名称　Chinese Penduline Tit
分类地位　雀形目攀雀科
保护级别　三有

形态特征　体型较小，体长 10 ~ 11 cm。顶冠灰色，脸罩黑色，上下缘具一圈白色羽毛。背部棕色，下体皮黄色，尾凹形。雌鸟及幼鸟似雄鸟但色暗，头顶和眼罩为褐色。虹膜：深褐色；喙：灰黑色；脚：蓝灰色。

生活习性　栖息于近水区域的阔叶林或疏林、芦苇、香蒲等生境。除繁殖期间单独或成对活动外，其他季节多成群。性活泼，常在树丛间飞来飞去。主要以昆虫为食，也吃植物的花、叶等。

黄河湿地监测及分析　黄河湿地有分布，偶见，为冬候鸟或旅鸟。

◀ 中华攀雀 （朱笑然 摄）

▲ 中华攀雀 （李长看 摄）

中华攀雀 （李艳霞 摄）

（四十一）百灵科 Alaudidae

229. 短 趾 百 灵

中文名称　短趾百灵
拉丁学名　*Alaudala cheleensis*
英文名称　Asian Short-toed Lark
分类地位　雀形目百灵科
保护级别　三有

形态特征　中等体型的百灵，体长 14～16 cm。上体沙棕色，具黑色纵纹；下体皮黄白色，上胸具深色的细小纵纹，外侧尾羽白色；眼先、眉纹和眼周白色或皮黄白色，颊和耳羽棕褐色。虹膜：深褐色；喙：角质灰色；脚：肉棕色。

生活习性　主要栖息于荒漠、平原、河滩，冬季栖息于农耕地。常成十几只小群活动，喜鸣叫，声音婉转动听。主要以杂草种子为食，也食少量昆虫。

黄河湿地监测及分析　黄河湿地有分布，罕见，为留鸟。

短趾百灵　（郭文　摄）

凤头百灵 （李长看 摄）

230. 凤 头 百 灵

中文名称　凤头百灵
拉丁学名　*Galerida cristata*
英文名称　Crested Lark
分类地位　雀形目百灵科
保护级别　三有

形态特征　体型略大的百灵，体长 16～19 cm。上体沙褐色具近黑色纵纹，具冠羽，冠羽长而窄，尾覆羽皮黄色；下体浅皮黄色，胸密布近黑色纵纹；尾深褐色而两侧黄褐色。虹膜：深褐色；喙：黄粉色，略长而下弯；脚：偏粉色。

生活习性　主要栖息于平原、旷野、半荒漠和荒漠边缘地带。繁殖期多结群活动，常于地面行走或振翅做波浪状飞行。主要以草籽、嫩芽、浆果等为食，也捕食蝗虫、甲虫等昆虫。

黄河湿地监测及分析　黄河湿地有分布，为留鸟。

231. 云 雀

中文名称　云雀
拉丁学名　*Alauda arvensis*
英文名称　Eurasian Skylark
分类地位　雀形目百灵科
保护级别　国家二级保护

形态特征　中等体型的百灵，体长16～19 cm。头顶具羽冠，眉纹白色或棕白色；上体沙棕色，具黑色羽干纹；下体棕白色，胸具黑褐色纵纹；尾分叉，羽缘白色。虹膜：深褐色；喙：角质色；脚：肉色。

生活习性　主要栖息于平原、旷野、农田地带。常集群在地面奔跑，做寻觅食物和嬉戏追逐活动，善鸣唱，鸣声柔美嘹亮。主要以植物种子、昆虫为食。

黄河湿地监测及分析　黄河湿地有分布，为冬候鸟。

云雀　（王恒瑞　摄）

云雀 （李长看 摄）

232. 小 云 雀

中文名称	小云雀
拉丁文名	*Alauda gulgula*
英文名称	Oriental Skylark
分类地位	雀形目百灵科
保护级别	三有

形态特征　体长 14～16 cm。上体沙棕色或棕褐色，具黑褐色纵纹。下体偏棕褐色。胸部棕色具黑褐色羽干纹。冠羽和尾较短。虹膜：褐色；喙：角质色；腿：肉色。

生活习性　栖息于长有短草的开阔地区；繁殖期成对活动，其他时候多成群。善奔跑，主要在地面上活动，常从地面突然起飞做炫耀飞行。主要以植物种子、昆虫为食。

黄河湿地监测及分析　黄河湿地有分布，为留鸟。

小云雀　（李长看　摄）

小云雀 （李长看 摄）

（四十二）扇尾莺科 Cisticolidae

233. 棕扇尾莺

中文名称　棕扇尾莺
拉丁学名　*Cisticola juncidis*
英文名称　Zitting Cisticola
分类地位　雀形目扇尾莺科
保护级别　三有

形态特征　体小，体长9~11 cm。体羽褐色，带黑色纵纹；腰及两胁黄褐色，下体棕黄色，胸、腹白色；尾凸状，端白色，中央尾羽最长，因尾羽展开时呈扇形而得名。虹膜：褐色；喙：褐色；脚：红色。

生活习性　主要栖息于开阔草地、稻田、灌丛、沼泽及低矮的芦苇塘。繁殖期单独或成对活动，领域性强，冬季成小群活动。主要以昆虫为食，也吃杂草种子等。

黄河湿地监测及分析　黄河湿地有分布，为夏候鸟。

棕扇尾莺　（李振中　摄）

棕扇苇莺 （李艳霞 摄）

棕扇苇莺 （李长看 摄）

234. 山鹛莺

中文名称　山鹛莺
拉丁学名　*Prinia striata*
英文名称　Striated Prinia
分类地位　雀形目扇尾莺科
保护级别　三有

形态特征　体长 15～16 cm，体型小的褐色鹛莺。上体灰褐色并具黑色及深褐色纵纹；下体偏白色，两胁、胸及尾下覆羽沾茶黄色，胸部黑色纵纹明显；具长的凸形尾。虹膜：浅褐色；喙：黑色；腿：偏粉色。

生活习性　栖息于低山、丘陵的灌丛、草丛中，性胆小，多在灌木和草茎下部紧靠地面的枝叶间跳跃觅食。

黄河湿地监测及分析　黄河三门峡段湿地有分布，偶见，为留鸟。

◀ 山鹛莺　（杜卿　摄）

▲ 山鹛莺　（郭文　摄）

纯色山鹪莺 （李长看 摄）

235. 纯 色 山 鹪 莺

中文名称	纯色山鹪莺
拉丁学名	*Prinia inornata*
英文名称	Plain Prinia
分类地位	雀形目扇尾莺科
保护级别	三有

形态特征　体长 13～18 cm。头顶、上体及尾羽浅褐色；眉纹米白色；飞羽褐色；下体米白色，胸侧、胁部、尾下覆羽浅皮黄色。尾甚长，占体长的一半。虹膜：浅褐色；喙：黑色；腿：粉红色。

生活习性　栖息于草丛、芦苇丛、沼泽等生境，性胆大、活泼而喧闹。主要以昆虫为食。

黄河湿地监测及分析　黄河湿地有分布，偶见，为留鸟。

（四十三）苇莺科 Acrocephalidae

236. 东方大苇莺

中文名称	东方大苇莺
拉丁学名	*Acrocephalus orientalis*
英文名称	Oriental Reed Warbler
分类地位	雀形目苇莺科
保护级别	三有

形态特征　体长 16～19 cm，体型略大的褐色苇莺。具显著的皮黄色眉纹；上体呈棕褐色，下体乳黄色，胸微具灰褐色纵纹；尾较短且尾端色浅。虹膜：褐色；喙：上喙褐，下偏粉色；脚：灰色。

生活习性　主要栖息于低山、丘陵、平原等生境，喜芦苇地、稻田、沼泽及低地次生灌丛。常单独或成对活动，夏季整日久鸣不休。其巢常被大杜鹃产卵寄生。主要以昆虫为食。

黄河湿地监测及分析　黄河湿地常见，为夏候鸟。

东方大苇莺　（乔春平　摄）

东方大苇莺 （李长看 摄）

237. 黑 眉 苇 莺

中文名称　黑眉苇莺
拉丁学名　*Acrocephalus bistrigiceps*
英文名称　Black-browed Reed Warbler
分类地位　雀形目苇莺科
保护级别　三有

形态特征　体长 13～14 cm，褐色苇莺。眼纹皮黄白色，长而粗，上下具清楚的黑色条纹；侧冠纹黑褐色；上体橄榄棕褐色；下体偏白色，两胁沾浅棕黄色。虹膜：褐色；喙：上嘴深色，下色偏淡；腿：粉色。

生活习性　主要栖于近水的芦苇丛及高草地，觅食时敏捷而活跃，能灵活地在芦苇茎叶间跳跃穿梭或上下攀缘。主要捕食昆虫。

黄河湿地监测及分析　黄河湿地有分布，偶见，为夏候鸟。

黑眉苇莺　（李长看　摄）

黑眉苇莺 （李长看 摄）

黑眉苇莺 （杜云海 摄）

钝翅苇莺 （郭文 摄）

238. 钝翅苇莺

中文名称　钝翅苇莺
拉丁学名　*Acrocephalus concinens*
英文名称　Blunt-winged Warbler
分类地位　雀形目苇莺科
保护级别　三有

形态特征　体长 13～14 cm，棕褐色苇莺。眉纹皮黄色，过眼纹深褐色；上体深橄榄褐色，腰及尾上覆羽棕色；下体白色，胸侧、两胁及尾下覆羽沾皮黄；两翼短圆，尾较圆。虹膜：褐色；喙：上嘴深色，下色偏淡；腿：偏粉色。

生活习性　栖息于芦苇沼泽等生境，繁殖期常站在芦苇和草丛顶端鸣叫。主要捕食昆虫。

黄河湿地监测及分析　黄河三门峡段湿地有分布，偶见，为夏候鸟。

239. 厚嘴苇莺

中文名称　厚嘴苇莺
拉丁学名　*Arundinax aedon*
英文名称　Thick-billed Warbler
分类地位　雀形目苇莺科
保护级别　三有

形态特征　体长 18～21 cm。喙较粗短；上体橄榄棕褐色，无纵纹；眼先和眼周淡皮黄白色，无眉纹；颏、喉白色；尾长而凸。虹膜：红褐色；喙：上嘴深色，下色偏淡；腿：灰褐色。

生活习性　栖息于森林、林缘、灌丛等生境，雄鸟常在巢附近的灌丛枝头鸣唱。觅食时行为隐蔽，动作敏捷；主要捕食昆虫。

黄河湿地监测及分析　黄河三门峡、郑州段湿地有分布，为旅鸟或夏候鸟。

厚嘴苇莺　（齐保林　摄）

（四十四）燕科 Hirundinidae

240. 家 燕

中文名称　家燕
拉丁学名　*Hirundo rustica*
英文名称　Barn Swallow
分类地位　雀形目燕科
保护级别　三有

形态特征　中等体型，体长 15 ~ 19 cm。上体蓝黑色，具光泽；颏、喉、上胸栗色；胸部有 1 条不整齐的蓝黑色横带，胸、腹部白色；尾长，呈深叉状，近端处具白色点斑。虹膜：褐色；喙：黑色；脚：黑色。

生活习性　主要栖息于人类居住环境中，筑巢于房檐屋下，巢精巧别致，半个碗状黏附在墙壁立面；筑一新巢约需 11 天，1 400 块泥巴。在城乡附近，常成对、成群地栖息于房顶、电线、河滩、农田；在高空滑翔、盘旋，低飞于地面或水面捕捉小昆虫。

黄河湿地监测及分析　黄河湿地有广泛分布，种群数量大，为夏候鸟。

家燕育雏　（马继山　摄）

家燕 （李长看 摄）

241. 金 腰 燕

中文名称　金腰燕
拉丁学名　*Cecropis daurica*
英文名称　Red-rumped Swallow
分类地位　雀形目燕科
保护级别　三有

形态特征　体型较大的燕，体长 16～20 cm。上体蓝黑色，具金属光泽，因腰有棕栗色横带得名"金腰燕"，后颈有栗黄色或棕栗色形成的领环；下体棕白色，具黑色细纵纹；尾长而叉深。虹膜：褐色；喙：黑色；脚：黑色。

生活习性　主要栖息于低山丘陵和平原地区的城镇、村落等生境。习性与家燕相似，常结小群活动。性极活泼，飞行迅速而灵巧，飞行中直接钻进长颈瓶状的巢中，泥质巢黏附于墙角处的天花板上。休息时多停歇在房顶、屋檐、电线上。主要以昆虫为食，捕食飞行性昆虫。

黄河湿地监测及分析　黄河湿地有分布，为夏候鸟。

金腰燕　（马继山　摄）

金腰燕的巢 （李长看 摄）

金腰燕衔泥筑巢 （李长看 摄）

242. 崖沙燕

中文名称　崖沙燕
拉丁学名　*Riparia riparia*
英文名称　Sand Martin
分类地位　雀形目燕科
保护级别　三有

形态特征　体长 12～14 cm，灰褐色的燕。上体灰褐色或沙灰色，下体白色并具一道特征性的褐色胸带；喉白色，翅狭长而尖，脚短而细弱，趾三前一后，尾浅叉状。虹膜：褐色；喙：黑色；脚：黑色。

生活习性　喜栖于湖泊、江河岸边的沟壑陡壁，近年来多选择城市基建开挖的沙质基坑断壁掘成排的洞穴栖息繁育，被誉为"窑洞建筑师"。常集群活动，在水面或沼泽地上空飞翔，边飞边叫。主要以昆虫为食，尤其善于捕捉接近地面和水面低空飞行的昆虫。

黄河湿地监测及分析　黄河湿地有大种群分布，为夏候鸟。

崖沙燕及巢　（李长看　摄）

崖沙燕 （李长看 摄）

崖沙燕 （李艳霞 摄）

243. 岩　燕

中文名称　岩燕
拉丁学名　*Ptyonoprogne rupestris*
英文名称　Eurasian Crag Martin
分类地位　雀形目燕科
保护级别　三有

形态特征　体长 14～15 cm。上体灰褐色；颏、喉、胸部灰白色；颏、喉具暗褐色或灰色斑点；下胸和腹部深沙棕色；尾羽短，近方形，近端处具白色点斑。飞行时深色的翼下覆羽、尾下覆羽及尾与较淡的头顶、飞羽、喉及胸对比显著。虹膜：褐色；喙：黑色；腿：红色。

生活习性　栖息于高山峡谷，悬崖峭壁。常单独或小群活动。喜在水域上空飞翔，飞行中捕捉昆虫。

黄河湿地监测及分析　黄河湿地三门峡段有分布，偶见，为夏候鸟。

岩燕　（郭文　摄）

岩燕的巢 （李长看 摄）

（四十五）鹎科 Pycnonotidae

244. 白头鹎

中文名称	白头鹎
拉丁学名	*Pycnonotus sinensis*
英文名称	Light-vented Bulbul
分类地位	雀形目鹎科
保护级别	三有

形态特征　中等体型的鹎，体长 17～21 cm。上体橄榄灰色，具黄绿色羽缘；额至头顶黑色，头顶略具羽冠；双翼橄榄绿色；眉和枕羽呈白色，所以又名"白头翁"；幼鸟头橄榄绿色；颏、喉白色；胸带灰褐色，腹白色。虹膜：褐色；喙：近黑色；脚：黑色。

生活习性　主要栖息于低山丘陵和平原地区的灌丛、农田及草地。性活泼，常呈小群活动，善鸣叫。杂食性，既食昆虫等动物，也食植物果实、种子等。

黄河湿地监测及分析　黄河湿地有分布，常见种，为留鸟。

白头鹎　（李长看　摄）

白头鹎 （李振中　摄）

白头鹎 （李长看　摄）

领雀嘴鹎 （李长看 摄）

245. 领 雀 嘴 鹎

中文名称　领雀嘴鹎
拉丁学名　*Spizixos semitorques*
英文名称　Collared Finchbill
分类地位　雀形目鹎科
保护级别　三有

形态特征　体型较大的绿色鹎，体长 17～23 cm。上体暗橄榄绿色，下体橄榄黄色；象牙色的嘴厚重，头及喉偏黑色，脸颊具白色细纹，颈背灰色，前颈有一白色颈环；尾黄绿色，具黑褐色端斑。虹膜：褐色；喙：浅黄色；脚：偏粉色。

生活习性　主要栖息于林地，尤其是溪边沟谷灌丛、林缘疏林、次生林等。常成群活动，鸣声婉转悦耳。杂食性，主要以植物性食物为主，也捕食昆虫等。

黄河湿地监测及分析　黄河湿地有分布，为留鸟。

领雀嘴鹎 （李长看 摄）

246. 黄 臀 鹎

中文名称	黄臀鹎
拉丁学名	*Pycnonotus xanthorrhous*
英文名称	Brown-breasted Bulbul
分类地位	雀形目鹎科
保护级别	三有

形态特征　中等体型的鹎，体长 17～21 cm。上体土褐色，下体近白色；顶冠及颈背黑色；颊、喉白色，耳羽灰褐色或棕褐色。胸具灰褐色横带，因尾下覆羽黄色而得名"黄臀鹎"。虹膜：褐色；喙：黑色；脚：黑色。

生活习性　主要栖息于低山、丘陵的次生阔叶林、栎林及混交林。除繁殖期成对活动外，其他季节成群活动。主要以植物果实和种子为食，也捕食昆虫等动物性食物。

黄河湿地监测及分析　黄河湿地有分布，偶见，为留鸟。

黄臀鹎　（王争亚　摄）

黄臀鹎 （宋建超 摄）

247. 绿翅短脚鹎

中文名称　绿翅短脚鹎
拉丁学名　*Ixos mcclellandii*
英文名称　Mountain Bulbul
分类地位　雀形目鹎科
保护级别　三有

形态特征　中型鸟类，体长 20～26 cm，橄榄色鹎。头顶深褐具偏白色细纹，羽冠短而尖，喉偏白而具纵纹；颈背及上胸棕色；背、两翼及尾偏绿色；腹部及臀偏白。虹膜：褐色；喙：近黑色；脚：粉红色。

生活习性　栖息在山地林带、灌丛等各类生境中。小群活动、跳跃、飞翔。杂食性，主食果实与种子，兼食昆虫。

黄河湿地监测及分析　黄河中游湿地有分布，偶见，为留鸟。

绿翅短脚鹎　（李长看　摄）

绿翅短脚鹎 （李艳霞　摄）

绿翅短脚鹎 （李菁钰　摄）

（四十六）柳莺科 Phylloscopidae

248. 冠 纹 柳 莺

中文名称　冠纹柳莺
拉丁学名　*Phylloscopus claudiae*
英文名称　Claudia's Leaf Warbler
分类地位　雀形目柳莺科
保护级别　三有

形态特征　体长 10~11 cm。上体灰绿色，具两道黄色翼斑；喙较粗大，下喙全黄色；眉纹及顶纹淡黄色；喉至下体污白色，脸侧、两胁及尾下覆羽沾黄色；尾羽外侧内缘白色。虹膜：褐色；喙：上喙深色，下喙色淡；腿：黄绿色。

生活习性　繁殖期常单独或成对活动，非繁殖期集小群，或与其他雀鸟混群觅食，主要以昆虫为食。

黄河湿地监测及分析　黄河湿地有分布，偶见，为夏候鸟。

◀ 冠纹柳莺 （李长看 摄）

▲ 冠纹柳莺 （李艳霞 摄）

▲ 黄腰柳莺 （赵宗英 摄）

▲ 黄腰柳莺 （杨旭东 摄）

249. 黄 腰 柳 莺

中文名称　黄腰柳莺
拉丁学名　*Phylloscopus proregulus*
英文名称　Pallas's Leaf Warbler
分类地位　雀形目柳莺科
保护级别　三有

形态特征　体型较小的柳莺，体长9～11 cm。上体橄榄绿色，下体灰白色；嘴细小，具黄色的顶冠纹和粗眉纹；腰柠檬黄色，具两道浅色翼斑；臀及尾下覆羽浅黄色，新换的体羽眼先为橘黄色。虹膜：褐色；嘴：黑色；脚：粉红色。

生活习性　主要栖息于海拔2 000 m以下的阔叶林、次生林、果园等生境。单独或成对活动在高大的树冠层中。性活泼，常在树顶枝叶间跳来跳去寻觅食物。主要以昆虫为食。

黄河湿地监测及分析　黄河湿地有分布，为旅鸟或夏候鸟。

黄眉柳莺 （李长看 摄）

中文名称	黄眉柳莺
拉丁学名	*Phylloscopus inornatus*
英文名称	Yellow-browed Warbler
分类地位	雀形目柳莺科
保护级别	三有

形态特征 中等体型的柳莺，体长 9～11 cm。上体橄榄绿色，具两道明显的近白色翼斑；嘴细尖，眉纹白色，顶纹几乎不可辨；下体淡白色。虹膜：褐色；嘴：上嘴深色，下嘴黄色；脚：褐色。

生活习性 主要栖息于山地和平原地带的森林中。性活泼，常单独或三五成群活动。栖于森林的中上层，很少落地，动作轻巧灵活，敏捷地在树上觅食。主要以昆虫为食。

黄河湿地监测及分析 黄河湿地有分布，为旅鸟或夏候鸟。

黄眉柳莺 （李长看 摄）

黄眉柳莺 （赵宗英 摄）

棕腹柳莺 （郭文 摄）

251. 棕 腹 柳 莺

中文名称　棕腹柳莺
拉丁学名　*Phylloscopus subaffinis*
英文名称　Buff-throated Warbler
分类地位　雀形目柳莺科
保护级别　三有

形态特征　中等体型，体长约10 cm，橄榄绿色柳莺。眉纹暗黄，无翼斑。虹膜：褐色；喙：上喙深角质色，下喙基黄色；脚：深色。

生活习性　喜藏匿于林下植被，夏季成对，冬结小群。主要以昆虫为食。

黄河湿地监测及分析　黄河湿地三门峡段有分布，偶见，为夏候鸟。

棕腹柳莺 （李长看 摄）

252. 褐 柳 莺

中文名称　褐柳莺
拉丁学名　*Phylloscopus fuscatus*
英文名称　Dusky Warbler
分类地位　雀形目柳莺科
保护级别　三有

形态特征　体长 11～12 cm，褐色柳莺。眉纹白色，前段边缘清晰，后端略沾棕色；上体灰褐色，飞羽有橄榄绿色的翼缘；下体乳白色，胸及两胁沾黄褐色；两翼短圆，尾圆而略凹；尾下覆羽淡棕色。虹膜：褐色；喙：上喙色深，下喙偏黄色；腿：褐色。

生活习性　栖息于林区、林缘、灌草丛、沼泽等生境，常单独或成对活动。性活泼，喜欢在树枝间跳动觅食。主要以昆虫为食。

黄河湿地监测及分析　黄河三门峡段湿地有分布，为旅鸟或夏候鸟。

◀ 褐柳莺（郭文　摄）

▲ 褐柳莺　（马继山　摄）

极北柳莺 （郭文 摄）

253. 极 北 柳 莺

中文名称　极北柳莺
拉丁学名　*Phylloscopus borealis*
英文名称　Arctic Warbler
分类地位　雀形目柳莺科
保护级别　三有

形态特征　体长 12 ~ 13 cm。上体深橄榄灰色，具浅的白色翼斑；下体略白，两胁褐橄榄色。黄白色长眉纹显著，眼先及过眼纹近黑色。虹膜：深褐色；喙：上喙深褐色，下喙黄色；腿：褐色。

生活习性　栖息于开阔林地、林缘地带；繁殖期常单独或成对活动，迁徙期会集小群。性活泼，动作轻快敏捷，常在树木枝叶间跳跃飞行，也会在灌木丛中和树的低处觅食。主要以昆虫为食。

黄河湿地监测及分析　黄河三门峡段湿地偶见，为旅鸟。

（四十七）树莺科 Scotocercidae

254. 强 脚 树 莺

中文名称　强脚树莺
拉丁学名　*Horornis fortipes*
英文名称　Brown-flanked Bush Warbler
分类地位　雀形目树莺科
保护级别　三有

形态特征　体型略小，体长约12 cm的暗褐色树莺。眉纹长、黄色，下体偏白、胸侧、两胁及尾下覆羽染黄褐。幼鸟黄色较多。虹膜：褐色；喙：上喙深褐，下喙基色浅；脚：肉棕色。

生活习性　藏于浓密灌丛，只闻其声，难睹其容。主要以昆虫为食。

黄河湿地监测及分析　黄河湿地有分布，偶见，为夏候鸟。

强脚树莺 （赵宗英 摄）

强脚树莺 （李艳霞 摄）

（四十八）长尾山雀科 Aegithalidae

255. 银 喉 长 尾 山 雀

中文名称　银喉长尾山雀
拉丁学名　*Aegithalos glaucogularis*
英文名称　Silver-throated Bushtit
分类地位　雀形目长尾山雀科
保护级别　三有

形态特征　小型山雀，体长 11～14 cm。上体灰色，嘴粗短而厚，头具黑色或褐色纵纹，翅短圆，尾甚细长呈凸状，黑色而带白边；下体多白色，有时带灰色；喉部中央具银灰色斑。虹膜：深褐色；喙：黑色；脚：深褐色。

生活习性　栖息于针阔叶混交林和针叶林。性活泼，结小群在树冠层及低矮树丛中活动。行动敏捷，常在树冠间或灌丛顶部跳跃。主要以昆虫为食。

黄河湿地监测及分析　黄河湿地有分布，为留鸟。

银喉长尾山雀 （李长看　摄）

银喉长尾山雀 （李长看 摄）

红头长尾山雀 （李菁钰 摄）

256. 红 头 长 尾 山 雀

中文名称　红头长尾山雀
拉丁学名　*Aegithalos concinnus*
英文名称　Silver-throated Bushtit
分类地位　雀形目长尾山雀科
保护级别　三有

形态特征　小型山雀，体长 9～11 cm。红头红胸，黑脸黑背；头顶、颈背栗红色，过眼纹宽而黑色。颏、喉白色，喉中部有黑色斑块。胸腹白色或淡棕黄色，背蓝灰色，两肋栗色。虹膜：黄色；喙：黑色；脚：橘黄色。

生活习性　主要栖息于山地森林和灌丛中。常数十只结群活动。性活泼，常不停地在枝叶间跳跃或来回飞翔觅食，或突然从一树飞至另一树，且不停鸣叫。主要以昆虫为食。

黄河湿地监测及分析　黄河湿地有分布，为留鸟。

红头长尾山雀　（蔺艳芳　摄）

（四十九）莺鹛科 Sylviidae

257. 山 鹛

中文名称　山鹛
拉丁学名　*Rhopophilus pekinensis*
英文名称　Beijing Hill-warbler
分类地位　雀形目莺鹛科
保护级别　三有

形态特征　体长 16～18 cm。上体褐色，密布黑色纵纹；颏、喉及胸白色，眉纹偏灰色；髭纹近黑色。下体白色，两肋及腹部具醒目的栗色纵纹；外侧尾羽羽缘白色。虹膜：红褐色；喙：角质色；腿：黄褐色。

生活习性　栖于灌丛及芦苇丛。常集 2～5 只的小群。性活跃，在灌丛中活动，短距离飞行穿过空地或道路，然后迅速钻入植被中。主要以昆虫为食，偶食草籽等。

黄河湿地监测及分析　黄河中游湿地有分布，为留鸟。

山鹛　（郭文　摄）

▲ 棕头鸦雀 （李长看 摄）

▲ 棕头鸦雀 （王争亚 摄）

258. 棕 头 鸦 雀

中文名称	棕头鸦雀
拉丁学名	*Sinosuthora webbiana*
英文名称	Vinous-throated Parrotbill
分类地位	雀形目莺鹛科
保护级别	三有

形态特征 体型纤小，体长 12 cm。嘴短小，上体褐色，头顶及两翼红棕色，飞羽外缘红棕色；下体黄褐色，颊、喉、胸葡萄粉红色。虹膜：褐色；喙：暗褐色，喙端色较浅；脚：粉灰色。

生活习性 主要栖息于低山阔叶林和林缘灌丛、竹丛、草丛。活泼，好结群，常在灌木或小树枝叶间跳跃，一般短距离低空飞行。主要以昆虫为食，兼食植物种子。

黄河湿地监测及分析 黄河湿地有分布，甚常见，为留鸟。

259. 震 旦 鸦 雀

中文名称　震旦鸦雀
拉丁学名　*Paradoxornis heudei*
英文名称　Reed Parrotbill
分类地位　雀形目莺鹛科
保护级别　国家二级保护

形态特征　中等体型的鸦雀，体长 18 cm。嘴黄色，具很大的嘴钩；眉纹黑色，长而宽阔，自眼上方一直延伸至后颈头顶至枕；额、头顶及颈背灰色；背黄褐色，通常具黑色纵纹；中央尾羽沙褐色，其余黑色而羽端白色。颏、喉及腹中心近白色，两胁黄褐色。翼上肩部浓黄褐色，飞羽较淡。虹膜：红褐色；喙：黄色；脚：粉黄色。

生活习性　主要栖息于河流、沼泽、湖泊等湿地芦苇丛。性活泼，繁殖季节单独或结小群活动，非繁殖季节结大群活动。嘴里不断发出短促的"唧唧"声，极少下到地面活动。以芦苇茎秆上的昆虫为食，冬季也吃浆果。为中国特有的珍稀鸟种，被誉为"鸟中熊猫"。

黄河湿地监测及分析　黄河洛阳、郑州、新乡段湿地局部芦苇荡有分布，罕见，为留鸟。

震旦鸦雀　（杨旭东　摄）

震旦鸦雀 （李艳霞 摄）

震旦鸦雀 （李长看 摄）

（五十）绣眼鸟科 Zosteropidae

260. 暗 绿 绣 眼 鸟

中文名称	暗绿绣眼鸟
拉丁学名	*Zosterops simplex*
英文名称	Swinhoe's White-eye
分类地位	雀形目绣眼鸟科
保护级别	三有

形态特征 体长 9～10 cm。上喙基部至额部略沾黄色；上体橄榄绿色；具明显的白色眼圈、黄色的喉及臀部；胸及两胁灰色，腹部白色。虹膜：褐色；喙：黑色，下喙基部稍淡；脚：灰黑色。

生活习性 栖息于阔叶林、针阔叶混交林、竹林、次生林等。喜集群在植被中上层活动。夏季捕食昆虫为主，冬季主食植物性食物。

黄河湿地监测及分析 黄河湿地有少量分布，为夏候鸟。

◀ 暗绿绣眼鸟 （李艳霞 摄）

▲ 暗绿绣眼鸟 （李长看 摄）

▲ 红胁绣眼鸟 （郭文 摄）

▲ 红胁绣眼鸟 （蔺艳芳 摄）

261. 红 胁 绣 眼 鸟

中文名称 红胁绣眼鸟
拉丁学名 *Zosterops erythropleurus*
英文名称 Chestnut-flanked White-eye
分类地位 雀形目绣眼鸟科
保护级别 国家二级保护

形态特征 体长约10 cm，中等体型的绣眼鸟。上体黄绿色；颏、喉黄色，眼先黑色，眼周有显著的白色眼圈。下体白色，两胁具栗红色的狭长斑块。虹膜：红褐色；喙：橄榄绿色；腿：灰色。

生活习性 栖息于阔叶林、针阔叶混交林、竹林、果园等生境。一般成对或集小群活动，迁徙时可集大群。夏季捕食昆虫为主，冬季主食植物性食物。

黄河湿地监测及分析 黄河三门峡段湿地有分布，偶见，为旅鸟或夏候鸟。

（五十一）噪鹛科 Leiothrichidae

262. 画 眉

中文名称	画眉
拉丁学名	*Garrulax canorus*
英文名称	Chinese Hwamei
分类地位	雀形目噪鹛科
保护级别	国家二级保护

形态特征 体型略小的鹛，体长21~24 cm。体羽大体呈棕褐色；眼圈白色，在眼后延伸成狭窄的眉纹，酷似眉毛，因而得名"画眉"；顶冠及颈背有偏黑色纵纹；下体棕黄色，腹部中央灰色，颈、喉及上胸杂以暗褐轴纹；飞羽棕色，尾羽深褐色，具黑褐色横斑。虹膜：黄色；喙：黄色；脚：黄褐色。

生活习性 栖息于灌丛、树林，以及城市竹林、庭院中；极善鸣啭，鸣声悠扬婉转。成对或结小群活动；性机敏而胆怯，常在林下的草丛中觅食，不善做远距离飞翔。杂食性，主要以昆虫为食，兼食野果、草籽等。

黄河湿地监测及分析 黄河湿地有分布，罕见，为留鸟。

画眉 （李艳霞 摄）

画眉 （王争亚 摄）

黑脸噪鹛 （李长看 摄）

263. 黑 脸 噪 鹛

中文名称 黑脸噪鹛
拉丁学名 *Pterorhinus perspicillatus*
英文名称 Masked Laughingthrush
分类地位 雀形目噪鹛科
保护级别 三有

形态特征 体长约 30 cm。上体灰褐色，前额和脸颊部黑色；下体偏灰色渐次为腹部近白色；尾羽外侧端宽，深褐色；尾下覆羽黄褐色。虹膜：褐色；喙：上喙黑色，下喙偏黄色；腿：偏粉色。

生活习性 主要栖息于林间、灌丛、芦苇荡等生境，常成对或集群活动。性喧闹，在树木和灌丛间来回蹦跳、穿梭，一般不做长距离飞行，飞行姿态笨拙。通常在地面取食，杂食性，但以捕食昆虫为主。

黄河湿地监测及分析 黄河湿地有分布，较常见，为留鸟。

黑脸噪鹛　（李长看　摄）

山噪鹛 （李长看 摄）

264. 山 噪 鹛

中文名称　山噪鹛
拉丁学名　*Pterorhinus davidi*
英文名称　Plain Laughingthrush
分类地位　雀形目噪鹛科
保护级别　三有

形态特征　体长22～27 cm，偏灰色噪鹛。嘴黄色，向下弯曲。上体全灰褐色，下体较淡。具明显的浅色眉纹，颏近黑。虹膜：褐色；喙：黄色；脚：褐色。

生活习性　栖息于山地疏林灌丛等生境，通常集3～5只小群活动。常在地面或灌丛中跳跃。性活泼、好奇，不惧人。杂食性，夏季主要捕食昆虫，冬季主要以果实、种子为食。

黄河湿地监测及分析　黄河中游湿地有分布，偶见，为留鸟。

山噪鹛 （李长看 摄）

（五十二）林鹛科 Timaliidae

265. 棕颈钩嘴鹛

中文名称　棕颈钩嘴鹛
拉丁学名　*Pomatorhinus ruficollis*
英文名称　Streak-breasted Scimitar Babbler
分类地位　雀形目林鹛科
保护级别　三有

形态特征　体长约 19 cm，体型略小的褐色钩嘴鹛。眉纹白且长，眼先黑色，喉白，胸具白色纵纹，因棕色的颈圈而得名。虹膜：褐色；喙：上喙黑，下喙黄；脚：铅褐色。

生活习性　栖息于低山和山脚平原地带的森林、林缘灌丛、果园等生境。叫声响亮，通常成对活动，偶尔集群；多在地面跳跃活动，有时上树取食。杂食性，但以捕食昆虫为主，也吃植物果实与种子。

黄河湿地监测及分析　黄河湿地有中游分布，偶见，为留鸟。

棕颈钩嘴鹛 （王争亚 摄）

棕颈钩嘴鹛 （李艳霞 摄）

（五十三）䴓科 Sittidae

266. 红 翅 旋 壁 雀

中文名称　红翅旋壁雀
拉丁学名　*Tichodroma muraria*
英文名称　Wallcreeper
分类地位　雀形目䴓科
保护级别　三有

形态特征　体长约 16 cm，灰色。喙长而稍微下弯；翼具醒目的绯红色斑纹；飞羽黑色，初级飞羽两排白色点斑，飞行时成带状；尾羽短、黑色，外侧尾羽羽端白色显著。繁殖期：雄鸟脸及喉黑色，雌鸟黑色较少。非繁殖期：喉偏白，头顶及脸颊沾褐。虹膜：深褐色；喙：黑色；脚：棕黑色。

生活习性　栖息在悬崖和陡坡壁上，或栖于亚热带常绿阔叶林和针阔混交林带中的山坡壁上。常在悬崖峭壁上攀爬，张开双翅紧贴岩壁，捕食缝隙中的昆虫。

黄河湿地监测及分析　黄河中游湿地有分布，偶见，为冬候鸟。

红翅旋壁雀　（李艳霞　摄）

红翅旋壁雀 （吴新亚 摄）

红翅旋壁雀 （于建军 摄）

（五十四）鹪鹩科 Troglodytidae

267. 鹪 鹩

中文名称　鹪鹩
拉丁名学　*Troglodytes troglodytes*
英文名称　Eurasian Wren
分类地位　雀形目鹪鹩科
保护级别　三有

形态特征　体长 10～13 cm。体羽棕褐色，密布横斑及点斑，体型短胖。喙长而直、细；眉纹灰白色；翼短圆；尾短小，常上翘。虹膜：褐色；喙：褐色；腿：褐色。

生活习性　栖息于灌丛中，阴暗潮湿处。常单独活动，性活泼而胆怯，在较阴暗的灌丛中快速蹦跳移动。善于鸣叫。主要以昆虫为食。

黄河湿地监测及分析　黄河中游湿地有分布，偶见，为留鸟或冬候鸟。

鹪鹩 （杨旭东 摄）

鹪鹩 （李艳霞　摄）

鹪鹩 （蔺艳芳　摄）

（五十五）椋鸟科 Sturnidae

268. 八 哥

中文名称	八哥
拉丁学名	*Acridotheres cristatellus*
英文名称	Crested Myna
分类地位	雀形目椋鸟科
保护级别	三有

形态特征　体型大，黑色，体长 24～28 cm。通体羽毛黑色有金属光泽；额羽耸立如冠状，较长；翅具白色翅斑，飞翔时尤为明显，因形似"八"字形得名"八哥"。尾端白色，尾下覆羽具黑及白色横纹。虹膜：橘黄色；喙：乳黄色，喙基红色；脚：暗黄色。

生活习性　主要栖息于低山丘陵和山脚平原地带的次生阔叶林、农田、牧场和村庄等。性活泼，结小群生活。鸣声嘹亮，善于模仿。杂食性，主要以昆虫等动物性食物为食，兼食植物性食物。

黄河湿地监测及分析　黄河湿地有分布，常见，为留鸟。

◀ 八哥　（李长看　摄）

▲ 八哥　（马继山　摄）

八哥 （李长看 摄）

269. 丝 光 椋 鸟

中文名称　丝光椋鸟
拉丁学名　*Spodiopsar sericeus*
英文名称　Red-billed Starling
分类地位　雀形目椋鸟科
保护级别　三有

形态特征　体长 18～23 cm。嘴朱红色，前端近黑色。头、颈白色或沾黄色，具近白色丝状羽；背深灰色，胸部灰色。两翼和尾辉黑色。飞行时初级飞羽的白斑明显，上体余部灰色。下体浅灰褐色。虹膜：黑色；喙：红色，喙端黑色；腿：橘黄色。

生活习性　栖息于稀疏林带，旷野、农田等生境；性不惧人，常集群活动，也会与其他椋鸟混群。常在地面觅食，尤喜翻耕过的田地。喜停栖于树上、电线上。主要以昆虫等动物性食物为食，兼食植物性食物。

黄河湿地监测及分析　黄河湿地有分布，偶见，为旅鸟或夏候鸟。

丝光椋鸟　（李全民　摄）

丝光椋鸟 （李长看 摄）

270. 灰 椋 鸟

中文名称　灰椋鸟
拉丁学名　*Spodiopsar cineraceus*
英文名称　White-cheeked Starling
分类地位　雀形目椋鸟科
保护级别　三有

形态特征　中等体型，体长22～24 cm。上体灰褐色；头顶至后颈黑色，额和头侧具白色纵纹，颊和耳覆羽白色且具黑色纵纹，尾部覆羽白色；下体、颏白色，喉、胸、上腹暗灰褐色。虹膜：偏红色；喙：橙红色，尖端黑色；脚：橙黄色。

生活习性　主要栖息于阔叶林、疏林、农田、公园和草地等生境；性喜结群，飞行迅速；喜栖于输电线、塔和树木枯枝上。主要以昆虫为食。

黄河湿地监测及分析　黄河湿地有分布，常见，为留鸟或冬候鸟。

灰椋鸟　（李长看　摄）

灰椋鸟 （李长看 摄）

271. 北椋鸟

中文名称	北椋鸟
拉丁学名	*Agropsar sturninus*
英文名称	Daurian Starling
分类地位	雀形目椋鸟科
保护级别	三有

形态特征 体长 16～19 cm。雄鸟头侧及胸部灰白色，颈背具黑色斑块；上体黑色，背部具紫色光泽；两翼闪辉绿黑色并具醒目的白色翼斑，腹部白色。雌鸟上体烟灰色，颈背具褐色点斑，两翼及尾黑色。虹膜：褐色；喙：近黑色；腿：绿色。

生活习性 常集群活动，会与其他鸟类混群。在地面行走觅食，飞行时身体呈三角状。

黄河湿地监测及分析 黄河中游湿地有少量分布，为旅鸟。

◀ 北椋鸟 （杨双成 摄）

▲ 北椋鸟 （杨旭东 摄）

▲ 紫翅椋鸟冬羽 （齐保林 摄）

▲ 紫翅椋鸟繁殖羽 （舒实 摄）

272. 紫翅椋鸟

中文名称　紫翅椋鸟
拉丁学名　*Sturnus vulgaris*
英文名称　**Common Starling**
分类地位　雀形目椋鸟科
保护级别　三有

形态特征　体长 19～22 cm。通体蓝黑色，具金属光泽；背部羽端黄白色，形成点斑；翅、尾黑色；胁及尾下覆羽具白斑。冬羽除两翅和尾外，上体各羽端具褐白色斑点，下体具白色斑点。虹膜：深褐色；喙：黄色；腿：淡红色。

生活习性　栖息于开阔地区，尤以林缘、农耕区、城镇周围及荒漠边缘等地带较常见。常集群活动，迁徙季节常集数百只的大群，喜欢在地面行走捕食。杂食性，捕食蝗虫、草地螟等农林害虫，也吃果实，种子等。

黄河湿地监测及分析　黄河湿地有分布，偶见，为冬候鸟或旅鸟。

（五十六）鸫科 Turdidae

273. 灰 背 鸫

中文名称	灰背鸫
拉丁学名	*Turdus hortulorum*
英文名称	Grey-backed Thrush
分类地位	雀形目鸫科
保护级别	三有

形态特征 体长 18～23 cm，体型略小。雄鸟上体为蓝灰色；眼先颜色略深，颏、喉灰白色；胸部灰色，腹部中心及尾下覆羽白色；两肋及翼下覆羽橙栗色。雌鸟上体褐色较重，但喉及胸部淡棕黄色，胸侧及两肋具黑色箭头状点斑。虹膜：褐色；喙：黄色；腿：肉色。

生活习性 栖息于森林、林缘、农田等生境；性隐蔽，常藏身于树冠层。繁殖期常单独或成对活动，在越冬地会集松散的小群。主要以昆虫为食，兼食植物的果实、种子等。

黄河湿地监测及分析 黄河湿地有分布，偶见，为旅鸟。

灰背鸫雌鸟 （宋建超 摄）

灰背鸫雌鸟 （王争亚 摄）

灰背鸫雌鸟 （李艳霞 摄）

274. 乌　灰　鸫

中文名称	乌灰鸫
拉丁学名	*Turdus cardis*
英文名称	Japanese Thrush
分类地位	雀形目鸫科
保护级别	三有

形态特征　体长 18~23 cm。雄鸟上体纯黑灰色，头及上胸黑色，下体余部白色。腹部及两胁具黑色点斑。雌鸟上体灰褐色，下体白色；上胸具偏灰色的横斑，胸侧及两胁沾赤褐色，胸及两侧具黑色点斑。虹膜：红褐色；喙：黑色；腿：蓝色。

生活习性　常单独或成对活动，迁徙时结小群。性谨慎，栖于落叶林，藏身于稠密植物丛及林子中。

黄河湿地监测及分析　黄河湿地有少量分布，为旅鸟。

乌灰鸫雄鸟　（彭大国　摄）

乌灰鸫雌鸟　（熊林春　摄）

275. 乌　鸫

中文名称	乌鸫
拉丁学名	*Turdus mandarinus*
英文名称	Chinese Blackbird
分类地位	雀形目鸫科
保护级别	三有

形态特征　体型略大，体长 29 cm。雄鸟全身黑色，喙橘黄色，眼圈略浅，下体色稍淡，呈黑褐色。雌鸟较雄鸟色淡，上体黑褐色，下体深褐色，没有黄色眼圈，喉、胸有暗色纵纹。虹膜：褐色；喙：雄鸟黄色，雌鸟黑色；脚：褐色。

生活习性　主要栖息于林缘、农田、村镇和城市园林。常结小群，是高度适应城市生活的鸟类。常在地面上奔跑，善鸣叫，可以模仿其他鸟鸣。主要以昆虫为食，冬季植食性。

黄河湿地监测及分析　黄河湿地有分布，常见，为留鸟。

乌鸫雄鸟　（李长看　摄）

乌鸫雄鸟 （李长看 摄）

乌鸫雌鸟 （李长看 摄）

276. 黑喉鸫

中文名称　黑喉鸫
拉丁学名　*Turdus atrogularis*
英文名称　Black-throated Thrush
分类地位　雀形目鸫科
保护级别　三有

形态特征　体长 24 cm。原为赤颈鸫的黑喉亚种。雄鸟脸、喉及上胸黑色，冬季多白色纵纹，尾羽无棕色羽缘。雌鸟及幼鸟具浅色眉纹，下体多纵纹。虹膜：褐色；喙：黄色，尖端黑色；脚：近褐色。

生活习性　栖息于山坡草地或丘陵疏林、平原灌丛中。呈松散群体，时与其他鸫类混群。取食昆虫等小动物及草籽和浆果。

黄河湿地监测及分析　黄河郑州段湿地有分布，罕见，为旅鸟。

黑喉鸫　（杨双成　摄）

439

黑喉鸫 （杨双成 摄）

277. 斑 鸫

中文名称	斑鸫
拉丁学名	*Turdus eunomus*
英文名称	Dusky Thrush
分类地位	雀形目鸫科
保护级别	三有

形态特征 体长 19～24 cm。雄鸟上体暗橄榄褐色，杂有黑色；头顶黑色，喉、眉纹及臀白色；耳羽及胸上横纹黑色；颈侧、肋和胸具黑色鳞状斑点，具浅棕色的翼线和棕色的宽阔翼斑。雌鸟似雄鸟，喉部黑斑较多，上体橄榄色较明显。虹膜：褐色；喙：上喙黑色，下喙黄色；腿：肉色。

生活习性 主要栖息于林缘、开阔地的灌丛、草丛等生境，常与其他鸫类混群，在草地上穿梭觅食。主要以昆虫、植物果实和种子等为食。

黄河湿地监测及分析 黄河湿地有分布，偶见，为冬候鸟。

斑鸫 （李长看 摄）

斑鸫 （李艳霞　摄）

278. 红 尾 斑 鸫

中文名称　红尾斑鸫
拉丁学名　*Turdus naumanni*
英文名称　Naumann's Thrush
分类地位　雀形目鸫科
保护级别　三有

形态特征　体长 20～24 cm。眉纹和髭纹棕红色，髭纹处具少量黑色斑点。喉红色，耳羽棕褐色。背部棕褐色，胸、胁部具深橘红色斑点。腰、翅下覆羽和尾羽深橘红色。虹膜：褐色；喙：偏黑色；腿：黄色。

生活习性　迁徙及越冬时常集小群至大群活动，并会与其他鸫类混群，穿行于农田旷野的草地上。在地面觅食，走路与蹦跳相结合。主要以昆虫、植物果实及种子为食。

黄河湿地监测及分析　黄河湿地有分布，偶见，为冬候鸟。

红尾斑鸫　（李长看　摄）

红尾斑鸫 （李艳霞 摄）

红尾斑鸫 （李长看 摄）

（五十七）鹟科 Muscicapidae

279. 红 喉 歌 鸲

中文名称　红喉歌鸲
拉丁学名　*Calliope calliope*
英文名称　Siberian Rubythroat
分类地位　雀形目鹟科
保护级别　国家二级保护

形态特征　体长 14～16 cm。体羽大部分为褐色；具醒目的白色细眉纹和颊纹；尾褐色，两胁皮黄色，腹部皮黄白色。雄鸟喉部鲜红色；雌鸟喉部白色，胸部近褐色。虹膜：褐色；喙：深褐色；腿：粉褐色。

生活习性　栖息于平原地带的灌丛、芦苇丛等生境；常单独或成对活动，迁徙时有时可见小群。善于在地面奔走和觅食，有时至灌丛的枝上活动，主要以昆虫为食。

黄河湿地监测及分析　黄河湿地有分布，罕见，为旅鸟或夏候鸟。

红喉歌鸲雌鸟　（齐保林　摄）

红喉歌鸲雄鸟 （马继山 摄）

280. 蓝 喉 歌 鸲

中文名称　蓝喉歌鸲
拉丁学名　*Luscinia svecica*
英文名称　Bluethroat
分类地位　雀形目鹟科
保护级别　国家二级保护

形态特征　体长 14～16 cm。雄鸟上体灰褐色；喉部亮蓝色，具黑白色和棕色斑为识别要点；具明显的白色眉纹；胸部具黑色和淡栗色两道宽带；腹部白色，两胁和尾下覆羽棕白色；尾深褐色。雌鸟喉白色而无栗色及蓝色块斑，黑色的细颊纹与由黑色点斑组成的胸带相连。虹膜：深褐色；喙：深褐色；腿：褐色。

生活习性　栖息于平原地带的灌丛、芦苇丛等生境；常不时上下抖动尾羽或将尾展开。常单独或成对活动，迁徙时可见分散的小群。多取食于地面，主要以昆虫为食，也吃植物的种子等。

黄河湿地监测及分析　黄河湿地有分布，罕见，为旅鸟或夏候鸟。

蓝喉歌鸲雄鸟　（蔺艳芳　摄）

蓝喉歌鸲雌鸟 （舒实 摄）

281. 鹊鸲

中文名称　鹊鸲
拉丁学名　*Copsychus saularis*
英文名称　Oriental Magpie-Robin
分类地位　雀形目鹟科
保护级别　三有

形态特征　体长 19～22 cm，雌雄异色。外形似喜鹊，但体型娇小。雄鸟头、胸及背部黑色，略带蓝色金属光泽；两翼及中央尾羽黑褐色，外侧尾羽及覆羽上的条纹白色，腹及臀部白色；下体前黑后白。雌鸟似雄鸟，但以暗灰或褐色取代黑色部分；飞羽和尾羽的黑色较雄鸟浅淡，下体及尾下覆羽的白色略沾棕色。虹膜：褐色；喙：黑色；腿：黑色。

生活习性　栖息于村落、果园附近的灌丛、疏林等生境；常单独或成对活动。性活泼、胆大，不停地把尾低放展开又骤然合拢伸直。取食多在地面，主要以昆虫为食，也吃植物种子等。

黄河湿地监测及分析　黄河湿地有分布，偶见，为留鸟。

▲ 雄鸟

▼ 雄鸟

鹊鸲　（李长看　摄）

▲ 红胁蓝尾鸲雄鸟 （杨旭东 摄）

▲ 红胁蓝尾鸲雌鸟 （蔺艳芳 摄）

282. 红 胁 蓝 尾 鸲

中文名称	红胁蓝尾鸲
拉丁学名	*Tarsiger cyanurus*
英文名称	Orange-flanked Bush-Robin
分类地位	雀形目鹟科
保护级别	三有

形态特征 体型略小，体长14 cm，雌雄异色。头顶两侧、翅上小覆羽和尾上覆羽为鲜亮辉蓝色，橘黄色两胁与白色腹部及臀成对比。雄鸟上体钴蓝色，眉纹白色；雌鸟褐色，尾蓝色。虹膜：褐色；喙：黑色；脚：灰色。

生活习性 主要栖息于林下；常单独或成对活动，在树杈和地面跳跃觅食。主要以昆虫为食，偶吃植物种子和果实。

黄河湿地监测及分析 黄河湿地有分布，为留鸟或旅鸟。

283. 赭红尾鸲

中文名称　赭红尾鸲
拉丁学名　*Phoenicurus ochruros*
英文名称　Black Redstart
分类地位　雀形目鹟科
保护级别　三有

形态特征　体长 14～15 cm，深色的红尾鸲，雌雄异色。雄鸟眉纹白色，头顶、枕部及上背沾灰色；头、喉、上胸、背、两翼及中央尾羽黑色；下胸、腹部、尾下覆羽、腰及外侧尾羽棕色。雌鸟上体灰褐色，两翅褐色，无白色翼斑；腰、尾上覆羽和外侧尾羽淡栗棕色，中央尾羽淡褐色。颏至胸部灰褐色，腹部浅棕色，尾下覆羽浅棕褐色。虹膜：褐色；喙：黑色；腿：灰黑色。

生活习性　栖息于高原灌丛、草地、河谷、荒漠、农田等。领域性强，具有点头、抖尾的行为。主要以昆虫为食，也吃小型无脊椎动物。

黄河湿地监测及分析　黄河湿地中游有分布，为留鸟。

◀ 赭红尾鸲雌鸟 　（郭文　摄）

▲ 赭红尾鸲雄鸟 　（李长看　摄）

▲ 黑喉红尾鸲雄鸟 （郭文 摄）

▲ 黑喉红尾鸲雌鸟 （张亚芳 摄）

284. 黑 喉 红 尾 鸲

中文名称	黑喉红尾鸲
拉丁学名	*Phoenicurus hodgsoni*
英文名称	Hodgson's Redstart
分类地位	雀形目鹟科
保护级别	三有

形态特征 体长 13～16 cm。雄鸟前额和眉纹白色；头顶、颈背灰色并延伸至上背，白色的翼斑较窄，边缘不清晰；腰、尾上覆羽和尾羽棕色或栗棕色；中央尾羽褐色，翅暗褐色，具白色翅斑；下体颏、喉、胸部均黑色，其余下体棕色。雌鸟上体和两翅灰褐色，腰至尾和雄鸟相似，棕色；眼圈偏白色，胸部灰色且无白色翼斑；腹部颜色较淡，偏灰色。虹膜：褐色；喙：黑色；腿：黑色。

生活习性 栖息于开阔的林间草地及灌丛，常近溪流。常单独、成对或集小群活动，习惯性抖尾。主要以昆虫为食，仅少量采食植物果实、种子。

黄河湿地监测及分析 黄河湿地有分布，为冬候鸟。

285. 北 红 尾 鸲

中文名称　北红尾鸲
拉丁学名　*Phoenicurus auroreus*
英文名称　Daurian Redstart
分类地位　雀形目鹟科
保护级别　三有

形态特征　中等体型，体长 13～15 cm。雌雄异色；具明显而宽大的倒三角形白色翼斑，尾黑色，外侧尾羽橙红色。雄鸟眼先、头侧、喉、上背及两翼黑色，头顶及颈背灰色而具银色边缘，体羽余部橙红色，中央尾羽深黑褐色；雌鸟体羽褐色，下体略浅。虹膜：褐色；喙：黑色；脚：黑色。

生活习性　主要栖息于山地、森林、林缘、河谷及村镇。常单独或成对活动。行动敏捷，频繁地在地上和灌丛间跳跃寻觅食物，不喜高空飞翔。休息时立于凸处，尾颤动不停。主要以昆虫为食。

黄河湿地监测及分析　黄河湿地有分布，常见，为留鸟。

北红尾鸲雄鸟　（李长看　摄）

北红尾鸲雌鸟 （李长看 摄）

▲ 红腹红尾鸲雌鸟 （冯克坚 摄）

▲ 红腹红尾鸲雄鸟 （李长看 摄）

286. 红腹红尾鸲

中文名称　红腹红尾鸲
拉丁学名　*Phoenicurus erythrogastrus*
英文名称　White-winged Redstart
分类地位　雀形目鹟科
保护级别　三有

形态特征　体长 15～17 cm，雌雄异色。雄鸟头顶及颈背白色，翼上具近方形的白色翼斑，尾羽栗色。雌鸟体羽褐色，翼上无白斑，中央尾羽的褐色与棕色尾羽对比不强烈。虹膜：褐色；嘴：黑色；腿：褐色。

生活习性　常单独或集小群活动；性惧生而孤僻，常站立于突出的岩石或灌丛枝头上。炫耀时，雄鸟从栖处做高空翱翔，两翼颤抖以显示其醒目的白色翼斑。主要以昆虫为食。

黄河湿地监测及分析　黄河湿地有中游分布，罕见，为冬候鸟。

中文名称 红尾水鸲
拉丁学名 *Phonenicurus fuliginosus*
英文名称 Plumbeous Water Redstart
分类地位 雀形目鹟科
保护级别 三有

形态特征 中等体型，体长 14 cm，雌雄异色的水鸲。雄鸟通体暗灰蓝色，翅黑褐色，腰、臀及尾栗红色；雌鸟上体灰褐色，翅褐色，具两道白色点状斑，臀、腰及外侧尾羽基部白色，尾余部黑色，端部及羽缘褐色。虹膜：深褐色；嘴：黑色；脚：褐色。

生活习性 主要栖息于山地溪流与河谷。单独或成对活动，在多砾石的溪流及河流两旁，或停栖于水中砾石。尾常摆动，在岩石间快速移动。领域性强，主要以昆虫为食，也吃少量植物果实和种子。

黄河湿地监测及分析 黄河湿地有分布，常见，为留鸟。

◀ 雄鸟

▼ 雌鸟

红尾水鸲 （蔺艳芳 摄）

288. 红 喉 姬 鹟

中文名称　红喉姬鹟
拉丁学名　*Ficedula albicilla*
英文名称　Taiga Flycatcher
分类地位　雀形目鹟科
保护级别　三有

形态特征　体长 12～14 cm。繁殖期雄鸟颏、喉橙红色；眼先、眼周白色；上体灰黄褐色，尾上覆羽和中央尾羽黑色，外侧尾羽基部白色；胸部淡灰色，其余下体白色。雌鸟及非繁殖期雄鸟颏、喉部白色，胸部沾棕色。虹膜：深褐色；喙：黑色；腿：黑色。

生活习性　栖息于针阔混交林、灌丛，常单独或成对活动，迁徙或越冬时可见小群。性活跃，喜在林中层或灌丛中活动，常在树枝间跳跃或飞行，主要捕食昆虫。

黄河湿地监测及分析　黄河中游湿地有分布，罕见，为旅鸟或夏候鸟。

红喉姬鹟雌鸟　（王芳　摄）

红喉姬鹟雄鸟（繁殖羽）　（王芳　摄）

289. 黑 喉 石 䳭

中文名称　黑喉石䳭
拉丁学名　*Saxicola maurus*
英文名称　Common Stonechat
分类地位　雀形目鹟科
保护级别　三有

形态特征　体长 12 ～ 15 cm。雄鸟头部及飞羽黑色，背部深褐色；颈及翼上具粗大的白斑；腰部白色，胸棕色。雌鸟淡褐色，下体皮黄色，仅翼上具白斑。虹膜：深褐色；喙：黑色；腿：近黑色。

生活习性　喜开阔的农田、花园、灌丛等生境，栖于突出的低树枝以跃下地面捕食猎物。常单独或成对活动，主要以昆虫、蚯蚓、蜘蛛等无脊椎动物。

黄河湿地监测及分析　黄河湿地有分布，为旅鸟或夏候鸟。

黑喉石䳭雌鸟　（冯克坚　摄）

黑喉石䳭雄鸟 （李长看 摄）

290. 白 顶 䳭

中文名称　白顶䳭
拉丁学名　*Oenanthe pleschanka*
英文名称　Pied Wheatear
分类地位　雀形目鹟科
保护级别　三有

形态特征　体长约 14.5 cm，雌雄异色，中等体型而尾长的䳭。雄鸟上体全黑，仅腰、头顶及颈背白色；外侧尾羽基部灰白；下体全白，仅颏及喉黑色。雌鸟上体偏褐，眉纹皮黄，外侧尾羽基部白色；颏及喉色深，胸偏红，两胁皮黄，臀白。虹膜：褐色；喙：黑色；脚：黑色。

生活习性　栖息于多石块而有矮树的荒地、农庄城镇，捕食昆虫。

黄河湿地监测及分析　黄河湿地有分布，为旅鸟或夏候鸟。

白顶䳭（李艳霞　摄）

北灰鹟 （李长看 摄）

291. 北 灰 鹟

中文名称	北灰鹟
拉丁学名	*Muscicapa dauurica*
英文名称	Asian Brown Flycatcher
分类地位	雀形目鹟科
保护级别	三有

形态特征 体长约 13 cm，灰褐色鹟。上体灰褐，下体偏白，胸侧及两胁褐灰，眼圈白色，冬季眼先偏白色。虹膜：褐色；喙：黑色，下喙基黄色；脚：黑色。

生活习性 栖息于混交林、阔叶林、灌丛等生境，常单独或成对活动，尾经常做独特的颤动。主要以捕捉昆虫为食。

黄河湿地监测及分析 黄河湿地有分布，偶见，为旅鸟或夏候鸟。

292. 白眉姬鹟

中文名称　白眉姬鹟
拉丁学名　*Ficedula zanthopygia*
英文名称　Yellow-rumped Flycatcher
分类地位　雀形目鹟科
保护级别　三有

形态特征　体长约13 cm，色彩艳丽的鹟，雌雄异色。雄鸟喉、胸、腰、上腹黄色；眉线及翼斑、下腹、尾下覆羽白色；其余体羽黑色。雌鸟：上体暗褐，下体色较淡，腰暗黄。虹膜：褐色；喙：黑色；脚：黑色。

生活习性　主要栖息于林中及林缘，常单独或成对活动。主食昆虫、蚯蚓等无脊椎动物。

黄河湿地监测及分析　黄河湿地有分布，偶见，为夏候鸟。

◀ 雄鸟

▼ 雌鸟

白眉姬鹟　（马继山　摄）

（五十八）戴菊科 Regulidae

293. 戴 菊

中文名称	戴菊
拉丁学名	*Regulus regulus*
英文名称	Goldcrest
分类地位	雀形目戴菊科
保护级别	三有

形态特征 体长9～10 cm。上体橄榄绿色；头顶中央具橙黄色羽冠，两侧有明显的黑色侧冠纹；眼周灰白色；腰和尾上覆羽黄绿色，两翅和尾黑褐色，尾外翈羽缘橄榄黄绿色，初级和次级飞羽羽缘淡黄绿色，三级飞羽尖端白色，翅上具两道淡黄白色翅斑。下体白色，羽端沾黄色，两肋沾橄榄灰色。虹膜：褐色；喙：黑色；脚：淡褐色。

生活习性 栖息于林冠下层等生境，主要以昆虫为食。

黄河湿地监测及分析 黄河湿地有分布，偶见，为旅鸟或冬候鸟。

◀ 戴菊 （于建军 摄）

▲ 戴菊 （舒实 摄）

（五十九）太平鸟科 Bombycillidae

294. 太 平 鸟

中文名称　太平鸟
拉丁学名　*Bombycilla garrulus*
英文名称　Bohemian Waxwing
分类地位　雀形目太平鸟科
保护级别　三有

形态特征　因其十二根尾羽的尖端为黄色而得名十二黄。体长 16～19 cm，小型鸣禽。全身呈灰褐色；头部色深呈栗褐色，羽冠细长呈簇状，一条醒目的黑色贯眼纹从嘴基经眼延长到后枕；翅具白色翼斑；颏、喉黑色（雌性成鸟颏、喉的黑色斑较雄鸟小）。虹膜：褐色；喙：近黑；脚：褐色。

生活习性　栖息于针叶和阔叶林带，常与小太平鸟混群，结成大群活动于高大乔木的顶端。太平鸟是喜取食各种植物的种子和果实的杂食性鸟类。

黄河湿地监测及分析　黄河中游湿地有分布，罕见，为冬候鸟。

太平鸟　（蔺艳芳　摄）

太平鸟 （蔺艳芳 摄）

295. 小 太 平 鸟

中文名称　小太平鸟
拉丁学名　*Bombycilla japonica*
英文名称　Japanese Waxwing
分类地位　雀形目太平鸟科
保护级别　三有

形态特征　因其十二根尾羽的尖端为红色而得名十二红。体长约 15～18 cm，小型鸣禽。全身呈灰褐色，体羽基色变化平缓；头部具黑色环带和冠羽；尾端绯红色显著。虹膜：褐色；喙：近黑；脚：褐色。

生活习性　栖息于针叶和阔叶林带，常与太平鸟混群，结成大群活动于高大乔木的顶端。杂食性，喜取食各种植物的种子和果实。

黄河湿地监测及分析　黄河中游湿地有分布，罕见，为冬候鸟。

小太平鸟　（齐保林　摄）

小太平鸟 （李艳霞 摄）

（六十）梅花雀科 Estrildidae

296. 白 腰 文 鸟

中文名称　白腰文鸟
拉丁学名　*Lonchura striata*
英文名称　White-rumped Munia
分类地位　雀形目梅花雀科
保护级别　三有

形态特征　体长 10～12 cm。上体深褐色，具白色细纹；颈侧和上胸栗色，具浅黄色羽缘；腰部白色，腹部为皮黄白色，具尖形的黑色尾。下体具细小的皮黄色鳞状斑及细纹。虹膜：褐色；喙：灰色；腿：灰色。

生活习性　栖息于山脚、平原、农田、灌丛等生境，性喧闹吵嚷，结约十只小群活动。喜剥食草籽，也常在溪水边取食水绵。

黄河湿地监测及分析　黄河湿地有分布，偶见，为留鸟。

白腰文鸟　（王争亚　摄）

白腰文鸟 （李长看 摄）

斑文鸟（左成鸟右亚成鸟）　（杨旭东　摄）

297. 斑 文 鸟

中文名称　斑文鸟
拉丁学名　*Lonchura punctulata*
英文名称　Scaly-breasted Munia
分类地位　雀形目梅花雀科
保护级别　三有

形态特征　体长 10～12 cm，褐色文鸟。上体褐色，羽轴白色而成纵纹；喉红褐色；下体白色；胸及两胁具深褐色鳞状斑。亚成鸟无鳞状斑，下体羽色黄褐。虹膜：红褐色；喙：蓝灰色；腿：灰黑色。

生活习性　群栖于农田、村落等生境，成对或与其他文鸟混成小群。会随着食物的变化做短距离迁徙。以谷物为主要食物，也吃果实、草籽等。

黄河湿地监测及分析　黄河湿地有分布，为留鸟。

斑文鸟 （李长看　摄）

（六十一）雀科 Passeridae

298. 麻 雀

中文名称 麻雀
拉丁学名 *Passer montanus*
英文名称 Eurasian Tree Sparrow
分类地位 雀形目雀科
保护级别 三有

形态特征 体型略小，体长 13～15 cm。上体近褐色；额、头顶至颈背栗褐色；颈背具灰白色领环，脸颊白色，颏、喉黑色；下体皮黄灰色，背沙褐色，具黑色纵纹。虹膜：深褐色；喙：黑色；脚：粉褐色。

生活习性 分布甚广，常栖于屋舍、瓦檐或树洞中；性极活泼，喜结小群活动，在地面活动时双脚跳跃前进。杂食性，主要以植物种子为食，也以昆虫为食。

黄河湿地监测及分析 黄河湿地有广泛分布，极常见，为留鸟。

麻雀 （李长看 摄）

麻雀 （李长看　摄）

麻雀交配 （李长看　摄）

山麻雀雌鸟 （乔春平 摄）

299. 山 麻 雀

中文名称　山麻雀
拉丁学名　*Passer cinnamomeus*
英文名称　Russet Sparrow
分类地位　雀形目雀科
保护级别　三有

形态特征　体长 13～15 cm，小型艳丽，雄雌异色。雄鸟上体栗红色，背中央具黑色纵纹，头棕色或淡灰白色，颏、喉黑色，其余下体灰白色或灰白色沾黄。雌鸟上体褐色，具宽阔的皮黄白色眉纹，颏、喉无黑色。虹膜：褐色；喙：灰色；脚：粉褐色。

生活习性　栖息于低山丘陵和山脚平原地带的森林和灌丛中。性喜结群，除繁殖期间单独或成对活动外，其他季节多呈小群。杂食性，主食植物性食物，亦食昆虫等动物性食物。

黄河湿地监测及分析　黄河湿地有分布，偶见，为留鸟。

山麻雀雄鸟 （李长看 摄）

（六十二）鹡鸰科 Motacillidae

300. 黄鹡鸰

中文名称	黄鹡鸰
拉丁学名	*Motacilla tschutschensis*
英文名称	Eastern Yellow Wagtail
分类地位	雀形目鹡鸰科
保护级别	三有

形态特征　中等体型，体长 17～20 cm。眉纹黄白色，上体橄榄绿色或橄榄褐色；飞羽黑褐色，具两道白色或黄白色横斑；下体黄色，尾较短，黑褐色。虹膜：褐色；嘴：褐色；脚：近黑色。

生活习性　主要栖息于低山丘陵、平原。尤喜稻田、沼泽边缘及草地。多成对或结小群活动，飞行时两翅一收一伸，呈波浪式前进。主要以昆虫为食。

黄河湿地监测及分析　黄河湿地有分布，为旅鸟。

黄鹡鸰　（李长看　摄）

黄鹡鸰 （郭文 摄）

黄鹡鸰 （梁子安 摄）

黄头鹡鸰雄鸟 （李长看 摄）

301. 黄 头 鹡 鸰

中文名称　黄头鹡鸰
拉丁学名　*Motacilla citreola*
英文名称　Citrine Wagtail
分类地位　雀形目鹡鸰科
保护级别　三有

形态特征　体型略小，体长 16～20 cm，雌雄异色。雄鸟头部、下体艳黄色，背黑色或灰色，翅暗褐色，具两道白色翼斑；雌鸟头顶及脸颊灰色，额和头侧辉黄色，眉纹黄色。虹膜：深褐色；喙：黑色；脚：近黑色。

生活习性　主要栖息于水域岸边，尤喜沼泽草甸、苔原带；常成对或成小群活动，栖息时尾常上下摆动。主要以昆虫为食，偶食植物性食物。

黄河湿地监测及分析　黄河湿地有分布，为旅鸟。

黄头鹡鸰亚成鸟　（李长看　摄）

黄头鹡鸰雄鸟　（李艳霞　摄）

302. 白 鹡 鸰

中文名称　白鹡鸰
拉丁学名　*Motacilla alba*
英文名称　White Wagtail
分类地位　雀形目鹡鸰科
保护级别　三有

形态特征　中等体型，体长 18～20 cm。上体灰色，下体白色，两翼及尾黑白相间，具白色翼斑；前额、颊白色；头顶和后颈黑色；胸黑色，背、肩黑色或灰色；颏、喉白色或黑色。雌鸟似雄鸟但色较暗。虹膜：褐色；喙：黑色；脚：黑色。

生活习性　主要栖息于近水的开阔地带、稻田、溪流边及道路上。在地上走走停停，飞行时呈波浪式前进，停息时尾部不停地上下摆动。常单独、成对或成小群活动。主要以昆虫为食，兼食植物果实、种子等。

黄河湿地监测及分析　黄河湿地有分布，为夏候鸟，部分为留鸟。

白鹡鸰雌鸟　（李长看　摄）

白鹡鸰雄鸟 （李长看 摄）

灰鹡鸰雌鸟 （李长看 摄）

303. 灰 鹡 鸰

中文名称　灰鹡鸰
拉丁学名　*Motacilla cinerea*
英文名称　Grey Wagtail
分类地位　雀形目鹡鸰科
保护级别　三有

形态特征　中等体型，体长17～19 cm。上体暗灰色，腰黄绿色，下体黄色，又名黄腹灰鹡鸰；飞羽黑褐色，具白色翼斑；尾较长，中央尾羽黑褐色，外侧一对尾羽白色。雄鸟颏、喉部夏季黑色，冬季白色；雌鸟均为白色。虹膜：褐色；喙：黑褐色；脚：粉灰色。

生活习性　主要栖息于水域岸边，常单独或成对活动，有时也集小群；常停息于露出水面的石头上，尾不断上下摆动，飞行呈波浪式；主要以昆虫为食。

黄河湿地监测及分析　黄河湿地有分布，为旅鸟。

灰鹡鸰雄鸟 （李长看 摄）

304. 山鹡鸰

中文名称　山鹡鸰
拉丁学名　*Dendronanthus indicus*
英文名称　Forest Wagtail
分类地位　雀形目鹡鸰科
保护级别　三有

形态特征　体长 16 ~ 18 cm。上体灰褐色，眉纹白色；飞羽及翼覆羽黑色，具两道粗的白色翼斑；下体白色，胸上具两道醒目的黑色横斑纹，下面的一道横纹有时不完整；外侧尾羽白色。虹膜：灰色；喙：褐色；脚：近粉色。

生活习性　栖息于林间，在开阔森林沿树枝行走或在地面穿行。通常单独或成对活动，常轻轻往两侧摆尾。以昆虫等无脊椎动物为食。

黄河湿地监测及分析　黄河湿地有少量分布，为夏候鸟。

山鹡鸰　（王争亚　摄）

树鹨 （李长看 摄）

305. 树 鹨

中文名称	树鹨
拉丁学名	*Anthus hodgsoni*
英文名称	Olive-backed Pipit
分类地位	雀形目鹡鸰科
保护级别	三有

形态特征 体长 15～17 cm。上体橄榄绿色，具不明显的黑褐色纵纹；眉纹宽，白色或皮黄色，显著；耳后具白斑；喉及两胁皮黄色，胸及两胁黑色纵纹浓密。腹部白色，具清晰的黑色粗纵纹。虹膜：褐色；喙：上喙角质色，下喙近粉色；腿：粉红色。

生活习性 栖于林地、田野、村落等生境。集小群活动，行走于地面，受惊扰时会飞到附近的树上隐匿。捕食昆虫、蜗牛等无脊椎动物，兼食杂草种子。

黄河湿地监测及分析 黄河湿地有分布，偶见，为夏候鸟或留鸟。

306. 粉 红 胸 鹨

中文名称	粉红胸鹨
拉丁学名	*Anthus roseatus*
英文名称	Rosy Pipit
分类地位	雀形目鹡鸰科
保护级别	三有

形态特征 体长 15～17 cm，偏灰色，具纵纹的鹨。上体橄榄灰色或灰褐色；眉纹显著；眼先深色；头顶、背具黑褐色纵纹。繁殖期下体粉红色，几无纵纹，眉纹粉红色。非繁殖期米白色的粗眉线明显，背灰色而具黑色粗纵纹，胸及两胁具浓密的黑色点斑或纵纹。虹膜：褐色；喙：灰色；腿：近粉色。

生活习性 栖息于山地灌丛、高原草地、河谷开阔环境。通常藏隐于近溪流处。在地面取食昆虫和植物种子。

黄河湿地监测及分析 黄河湿地有分布，为夏候鸟。

粉红胸鹨 （阎国伟 摄）

红喉鹨 （郭文 摄）

307. 红 喉 鹨

中文名称　红喉鹨
拉丁学名　*Anthus cervinus*
英文名称　Red-throated Pipit
分类地位　雀形目鹡鸰科
保护级别　三有

形态特征　体长 14 ~ 15 cm。繁殖期，头侧、喉至胸部棕红色。上体棕色，具显著黑褐色纵纹。非繁殖期，仅少许沾红。虹膜：褐色；喙：灰色；腿：近粉色。

生活习性　主要栖息于水域及其附近的草地、林地和农田等。单独或集松散小群活动。主要以昆虫为食，也吃植物性食物。

黄河湿地监测及分析　黄河湿地有分布，为旅鸟。

▲ 水鹨 （李长看 摄）

▲ 水鹨 （赵韶伟 摄）

308. 水 鹨

中文名称　水鹨
拉丁学名　*Anthus spinoletta*
英文名称　Water Pipit
分类地位　雀形目鹡鸰科
保护级别　三有

形态特征　体长 15～18 cm，灰褐色、具纵纹的鹨。头顶具细纹，眉纹显著。繁殖期下体呈黄色，胸部色较深；非繁殖期，上体深灰色，前部具纵纹；下体暗黄色。虹膜：褐色；喙：黑色；腿：近黑色。

生活习性　栖息于近溪流生境，常单独活动，在地面快速行走觅食，尾部轻微上下摆动。主要以昆虫为食，也吃植物性食物。

黄河湿地监测及分析　黄河湿地有分布，为旅鸟或冬候鸟。

309. 黄 腹 鹨

中文名称	黄腹鹨
拉丁学名	*Anthus rubescens*
英文名称	Buff-bellied Pipit
分类地位	雀形目鹡鸰科
保护级别	三有

形态特征　体长 14～17 cm。上体灰褐色，具淡黑条纹；眉纹短粗，皮黄色；颈侧具近黑色的块斑；翅有两道白斑，飞羽羽缘白色；胸及两胁具黑褐色纵纹。下体白色，具纵纹；尾黑褐色。虹膜：褐色；喙：上喙角质色，下喙粉色；脚：暗黄色。

生活习性　栖息于高山草地、湿地等生境，单独或集小群活动。主要以昆虫为食，也吃植物性食物。

黄河湿地监测及分析　黄河湿地有分布，为旅鸟或冬候鸟。

黄腹鹨　（李长看　摄）

田鹨 （郭文 摄）

310. 田 鹨

中文名称 田鹨
拉丁学名 *Anthus richardi*
英文名称 Richard's Pipit
分类地位 雀形目鹡鸰科
保护级别 三有

形态特征 又名理氏鹨，体长 17～18 cm。上体黄褐色或棕黄色，多具褐色纵纹；眉纹浅皮黄色。下体白色或皮黄色；喉两侧、胸部具深色纵纹。虹膜：褐色；喙：红褐色；脚：粉红色。

生活习性 喜开阔沿海或山区草甸、火烧过的草地及放干的稻田。常单独或成小群活动。站在地面时姿势甚直，飞行呈波浪状。捕食昆虫等无脊椎动物，兼食植物种子。

黄河湿地监测及分析 黄河湿地有分布，为夏候鸟或旅鸟。

（六十三）燕雀科 Fringillidae

311. 燕 雀

中文名称	燕雀
拉丁学名	*Fringilla montifringilla*
英文名称	Brambling
分类地位	雀形目燕雀科
保护级别	三有

形态特征 中等体型，体长 14～17cm。雌雄异色。雄鸟头至颈背黑色，背近黑色，具棕黄色羽缘，胸、肩棕色，腰、腹部白色，两翼及尾黑色，具棕色的翼斑；非繁殖期雄鸟体色较淡，与繁殖期雌鸟相似，头部为褐色，头顶和枕具黑色羽缘，颈侧灰色。虹膜：褐色；喙：黄色，端黑色；脚：粉褐色。

生活习性 主要栖息于各类森林。喜跳跃和波浪状飞行。常成对或成小群活动。于地面或树上取食，主要以果实、种子等植物性食物为食。

黄河湿地监测及分析 黄河湿地有分布，为旅鸟或冬候鸟。

燕雀（左雌右雄）　（马继山　摄）

312. 黑尾蜡嘴雀

中文名称　黑尾蜡嘴雀
拉丁学名　*Eophona migratoria*
英文名称　Chinese Grosbeak
分类地位　雀形目燕雀科
保护级别　三有

形态特征　体型略大，体长 17～21 cm，雄雌异色。黄色的嘴较粗大，端部黑色；雄鸟头黑色，肩、背灰褐色，两翼近黑色；腰和尾上覆羽浅灰色，臀黄褐色。雌鸟头部黑色少，飞羽端部黑色。虹膜：褐色；喙：黄色，端部黑色；脚：粉褐色。

生活习性　主要栖息于低山和山脚平原地带的林地，河流、农田和城市公园中。单独或成对活动，非繁殖期常集群。树栖性，频繁在树冠层枝叶间跳跃或来回飞翔。主要以植物种子、果实等食物为食，也吃昆虫等动物。

黄河湿地监测及分析　黄河湿地有分布，为冬候鸟，部分为留鸟。

黑尾蜡嘴雀雌鸟 （王争亚 摄）

黑尾蜡嘴雀雄鸟 （王争亚 摄）

313. 黑头蜡嘴雀

中文名称	黑头蜡嘴雀
拉丁学名	*Eophona personata*
英文名称	Japanese Grosbeak
分类地位	雀形目燕雀科
保护级别	三有

形态特征 体型较大，体长 17～20 cm。黄色的喙硕大，体羽灰褐色，头部、尾部、翼尖黑色。头部黑色较黑尾蜡嘴雀范围小，飞羽中间有白斑，末端无白斑，喙端无黑色。虹膜：深褐色；喙：黄色；脚：粉褐色。

生活习性 主要栖息于丘陵和平原的溪边次生林、灌丛和草丛，较其他蜡嘴雀更喜低地。通常结小群活动，不断地从一枝跳到另一枝，从一树飞到另一树。夏季以叶芽、嫩叶等植物性食物为食，冬季以昆虫等动物性食物为食。

黄河湿地监测及分析 黄河湿地有分布，为旅鸟或冬候鸟。

黑头蜡嘴雀雌鸟 （马继山 摄）

黑头蜡嘴雀雄鸟 （李艳霞 摄）

314. 普 通 朱 雀

中文名称　普通朱雀
拉丁学名　*Carpodacus erythrinus*
英文名称　Common Rosefinch
分类地位　雀形目燕雀科
保护级别　三有

形态特征　体长 13～15 cm。上体灰褐色，腹白色。雄鸟头、胸、腰和翼斑鲜亮红色；无眉纹；两翅和尾黑褐色，羽缘沾红色；腹部白色。雌鸟无粉红色，上体灰褐色，具暗色纵纹；下体皮黄白色，具黑色纵纹。虹膜：暗褐色；嘴：褐色；腿：褐色。

生活习性　栖息于森林、林缘、灌丛等生境，单独、成对或结小群活动。主要采食植物的果实、种子、嫩叶等，也捕食昆虫等。

黄河湿地监测及分析　黄河中游湿地有分布，为旅鸟。

普通朱雀雌鸟　（李艳霞　摄）▶

▲　普通朱雀雄鸟　（郭文　摄）

北朱雀雄鸟 （杜卿 摄）

315. 北 朱 雀

中文名称 北朱雀
拉丁学名 *Carpodacus roseus*
英文名称 Pallas's Rosefinch
分类地位 雀形目燕雀科
保护级别 国家二级保护

形态特征 体长 15 ~ 17 cm，雌雄异色。雄鸟头、下背及下体绯红色；头顶色浅，前额、喉具白色鳞状斑；上体及覆羽深褐色，边缘粉白色；胸、胁部绯红色，腹部粉色，具两道浅色翼斑。雌鸟色暗，上体具褐色纵纹，额及腰粉色，下体皮黄色而具纵纹，胸部沾粉色，臀白。尾略长。虹膜：褐色；喙：近灰色；腿：褐色。

生活习性 栖息于混交林、阔叶林、杂木林等生境，集小群觅食，常和其他朱雀、岩鹨等小型鸟类混群。常于低矮灌丛和地面活动，啄食嫩叶、果实、种子等。

黄河湿地监测及分析 黄河中游湿地有分布，偶见，为冬候鸟。

316. 金翅雀

中文名称　金翅雀
拉丁学名　*Chloris sinica*
英文名称　Oriental Greenfinch
分类地位　雀形目燕雀科
保护级别　三有

形态特征　体型较小，体长 12～14 cm。顶冠及颈背灰色，眼周黑褐色，胸腹红褐色，背深褐色，具宽阔的黄色翼斑，外侧尾羽基部和臀黄色，尾呈叉形；雌鸟色暗，体羽褐色。虹膜：深褐色；喙：偏粉色；脚：粉褐色。

生活习性　栖息于海拔 1 500 m 以下的低山、丘陵、灌丛、人工林、林园及林缘地带；常单独或成对活动，非繁殖季集群活动；多在树冠层枝叶间跳跃或飞来飞去，也在低矮的灌丛和地面活动、觅食。主要以植物果实、种子等植物性食物为食。

黄河湿地监测及分析　黄河湿地有分布，甚常见，为留鸟。

金翅雀（左雄右雌）　（杨旭东　摄）

1雀形目

499

金翅雀雄鸟 （王争亚 摄）

317. 白 腰 朱 顶 雀

中文名称　白腰朱顶雀
拉丁学名　*Acanthis flammea*
英文名称　Common Redpoll
分类地位　雀形目燕雀科
保护级别　三有

形态特征　体长约 14 cm，灰褐色小型鸟。头顶有红色点斑，又名朱顶红。雌鸟似雄鸟但胸无粉红。非繁殖期雄鸟似雌鸟但胸具粉红色鳞斑，尾叉型。虹膜：深褐；喙：黄色；脚：黑色。

生活习性　栖息于低山和山脚地带。冬季群栖，活动在荒山、灌丛、林缘和田间，尤以草地和谷子地为多见。常于草棵上、谷子和蒿类的花穗上取食。

黄河湿地监测及分析　黄河洛阳、郑州段湿地有分布，罕见，为冬候鸟。

白腰朱顶雀雄鸟　（齐保林　摄）

白腰朱顶雀雌鸟 （杜云海 摄）

黄雀雌鸟 （马继山 摄）

318. 黄 雀

中文名称 黄雀
拉丁学名 *Spinus spinus*
英文名称 Eurasian Siskin
分类地位 雀形目燕雀科
保护级别 三有

形态特征 体长 11~12 cm。喙短。翼上具醒目的黑色及黄色条纹。上体黄绿色，两翅和尾黑色；胸部黄色；腹部白色。雄鸟额、顶冠及颏黑色，头侧、腰及尾基部亮黄色。雌鸟上体蓝灰色，具暗色纵纹，顶冠和颏无黑色；下体黄白色，具褐色纵纹。虹膜：深褐色；喙：灰色；腿：近褐色。

生活习性 栖息于中低海拔的各类林地。冬季结大群迁徙，做波浪状飞行。较活泼，树栖为主。主要以果实、种子、嫩叶为食，也食昆虫。

黄河湿地监测及分析 黄河湿地有分布，为冬候鸟。

黄雀雄鸟　（杨旭东　摄）

（六十四）鹀科 Emberizidae

319. 三 道 眉 草 鹀

中文名称　三道眉草鹀
拉丁学名　*Emberiza cioides*
英文名称　Meadow Bunting
分类地位　雀形目鹀科
保护级别　三有

形态特征　体型略大，体长 15～18 cm。具醒目的黑白色头部图纹，眉纹白色，眼先黑色；头顶、后颈和耳羽栗色；背、肩栗红色，具黑色纵纹；颏、喉白色；胸棕色，两胁棕红色；下体皮黄白色。雌鸟色较淡，眉线及下颊纹皮黄色，胸浓皮黄色。虹膜：栗褐色；喙：灰黑色；脚：粉褐色。

生活习性　主要栖居于低山至平原林灌及林缘地带。繁殖期成对活动，冬季常集成小群，很少单独活动。冬季以各种野生草籽等为主，夏季以昆虫等动物性食物为主。

黄河湿地监测及分析　黄河湿地有分布，为留鸟。

三道眉草鹀　（马继山　摄）

三道眉草鹀 （马继山 摄）

▲ 白眉鹀雄鸟 （郭文 摄）

▲ 白眉鹀雄鸟 （郭浩 摄）

320. 白 眉 鹀

中文名称	白眉鹀
拉丁学名	*Emberiza tristrami*
英文名称	Tristram's Bunting
分类地位	雀形目鹀科
保护级别	三有

形态特征 中等体型，体长 13 ~ 15 cm。雄鸟头部黑色，具白色的眉纹、中央冠纹和颚纹；喉黑色，腰棕色，无纵纹；背、肩褐色，具黑色纵纹；胸栗色，下体白色；腰和尾上覆羽栗红色，无纹。雌鸟色暗，头为褐色，颚纹黑色。虹膜：深栗褐色；喙：上喙蓝灰色，下喙偏粉色；脚：浅褐色。

生活习性 主要栖息于低山阔叶林、针阔叶混交林和针叶林，多藏隐于山坡林下的浓密棘丛，不喜无林的开阔地带。单个或成对活动，迁徙时常结成小群。主要以植物种子为食，兼食昆虫。

黄河湿地监测及分析 黄河湿地有分布，为旅鸟或冬候鸟。

321. 灰 头 鹀

中文名称　灰头鹀
拉丁学名　*Emberiza spodocephala*
英文名称　Black-faced Bunting
分类地位　雀形目鹀科
保护级别　三有

形态特征　体长 14～15 cm。雄鸟头、颈背、喉和上胸灰色，眼先、颏黑色；上体余部浓栗色具明显的黑色纵纹；下体浅黄色或近白色，肩部具一白斑；尾色深而带白色边缘。雌鸟头橄榄色，过眼纹及耳覆羽下的月牙形斑纹黄色。虹膜：深栗褐色；喙：上喙近黑色，下喙偏粉色；脚：粉褐色。

生活习性　主要栖息于林缘落叶林、灌丛和草坡，越冬于芦苇地、灌丛及林缘。繁殖期成对活动，非繁殖期常集群活动。杂食性，以植物果实、种子为食，也以昆虫为食。

黄河湿地监测及分析　黄河湿地有分布，为旅鸟。

◀ 灰头鹀雌鸟　（乔春平　摄）

▲ 灰头鹀雄鸟　（李长看　摄）

322. 黄 喉 鹀

中文名称　黄喉鹀

拉丁学名　*Emberiza elegans*

英文名称　Yellow-throated Bunting

分类地位　雀形目鹀科

保护级别　三有

形态特征　中等体型，体长14～15 cm。头顶一束羽毛高高翘起形成凤头是本种识别特征。雄鸟具短而竖直的黑色羽冠；眉纹长而宽阔，前端黄白色，后端鲜黄色；喉黄色，胸具半月形黑斑，两胁具栗色纵纹；背锈红色，具黑色羽干纹；下体白色，两翅和尾黑褐色，具两道白色翅斑。雌鸟羽色较暗。虹膜：深栗褐色；喙：近黑色；脚：浅灰褐色。

生活习性　主要栖息于林地及灌丛。繁殖期单独或成对活动，非繁殖期集小群活动。性活泼而胆小，频繁在灌丛与草丛中跳跃。主食植物种子，繁殖期以昆虫为主食。

黄河湿地监测及分析　黄河湿地有分布，为旅鸟或冬候鸟。

黄喉鹀雌鸟　（赵勇　摄）

黄喉鹀雄鸟 （王争亚 摄）

323. 黄 胸 鹀

中文名称　黄胸鹀
拉丁学名　*Emberiza aureola*
英文名称　Yellow-breasted Bunting
分类地位　雀形目鹀科
保护级别　国家一级保护

形态特征　体长 14 ~ 16 cm，又名禾花雀。雄鸟顶冠及颈背栗色，脸及喉黑色；具黄色的领环，胸部有栗色横带；下体鲜黄色，尾和两翅黑褐色，翼角有显著的白色横纹。非繁殖期雄鸟色彩淡许多，颏及喉黄色，仅耳羽黑色而具杂斑。雌鸟顶纹浅沙色，两侧有深色的侧冠纹，几乎无下颊纹，眉纹浅淡皮黄色；下体淡黄色，胸无横带。虹膜：深褐色；喙：上喙灰色，下喙粉褐；腿：淡褐色。

生活习性　栖息于平原的稻田、芦苇地或高草丛及湿润的荆棘丛。冬季迁徙期结成大群并常与其他种类混群。繁殖季节主要以昆虫为食，越冬期主要以植物的种子和果实等。

黄河湿地监测及分析　黄河湿地有分布，罕见，为旅鸟。

黄胸鹀雌鸟　（郭文　摄）

黄胸鹀雄鸟 （肖昕 摄）

324. 黄 眉 鹀

中文名称　黄眉鹀
拉丁学名　*Emberiza chrysophrys*
英文名称　Yellow-browed Bunting
分类地位　雀形目鹀科
保护级别　三有

形态特征　体长 13 ~ 17 cm。头顶和头侧黑色，具白色中央冠纹；颊纹白色，眉纹前半部黄色，后半部白色；背部棕褐色，具宽的中央纹；腰和尾上覆羽栗色；腹部和两肋白色而多具暗色纵纹，翼斑白色；黑色下颊纹明显，并分散而融入胸部纵纹中。虹膜：深褐色；喙：粉色；腿：粉色。

生活习性　栖息于林缘的灌丛等生境，冬季多集小群在地面或灌木、草丛中活动，常与其他鹀混群。主要以昆虫为食，兼食植物种子和果实等。

黄河湿地监测及分析　黄河湿地有分布，偶见，为旅鸟或冬候鸟。

◀ 黄眉鹀雄鸟 （王建平 摄）

▲ 黄眉鹀雌鸟 （李艳霞 摄）

小鹀 （李长看 摄）

325. 小 鹀

中文名称	小鹀
拉丁学名	*Emberiza pusilla*
英文名称	Little Bunting
分类地位	雀形目鹀科
保护级别	三有

形态特征　体型小，体长约 13 cm。体羽似麻雀，外侧尾羽有较多的白色。雄鸟夏羽头部赤栗色；头侧线和耳羽后缘黑色，上体余部沙褐色，背部具暗褐色纵纹；下体偏白色，胸及两胁具黑色纵纹。雌鸟及雄鸟冬羽羽色较淡，无黑色头侧线。虹膜：褐色；喙：粉灰色；腿：肉色。

生活习性　主要栖息于低山丘陵和平原地区的林地、灌丛。除繁殖期成对活动外，多集群活动。主食植物的果实、种子等，也食各种昆虫等动物性食物。

黄河湿地监测及分析　黄河湿地有分布，为旅鸟或冬候鸟。

326. 田 鹀

中文名称	田鹀
拉丁学名	*Emberiza rustica*
英文名称	Rustic Bunting
分类地位	雀形目鹀科
保护级别	三有

形态特征　体长13～15 cm。腹部白色。雄鸟繁殖期头顶、枕、后颈黑色；具黑色短羽冠；眉纹、颊纹白色，黑白相间极为醒目；颈背、胸带、两胁纵纹及腰栗棕色；背羽具黑褐色纵纹；两翅和尾黑褐色；下体白色，腰部具栗红色鳞状羽。雌鸟及非繁殖期雄鸟相似，但白色部位色暗，皮黄色的脸颊后方通常具一近白色点斑。虹膜：深褐色；喙：深灰色；腿：近粉色。

生活习性　栖息于灌草丛等生境，常集小群活动。性不惧人，停栖时常竖起冠羽。觅食于地面，主要以谷物、草籽等植物性食物为主。

黄河湿地监测及分析　黄河湿地有分布，偶见，为冬候鸟。

田鹀雄鸟　（李长看　摄）

田鹀雌鸟 （张岩 摄）

田鹀雄鸟 （张岩 摄）

▲ 栗鹀雄鸟 （阎国伟 摄）

▲ 栗鹀雌鸟 （杜卿 摄）

327. 栗 鹀

中文名称　栗鹀
拉丁学名　*Emberiza rutila*
英文名称　Chestnut Bunting
分类地位　雀形目鹀科
保护级别　三有

形态特征　体长 14～15 cm。雄鸟头部、上体及胸部栗红色，腹部黄色；两翅和尾黑褐色；翅上覆羽和三级飞羽具灰白色羽缘。非繁殖期雄鸟头、背的栗色及腹部的黄色略微暗淡。雌鸟顶冠、上背、胸及两胁具深色纵纹，有淡色眉纹；飞羽浅棕色，下体淡黄色，具暗色纵纹。虹膜：深褐色；喙：褐色；腿：淡褐色。

生活习性　喜有低矮灌丛的开阔针叶林、混交林及落叶林。集小群活动，以植物性食物为主，兼食昆虫等。

黄河湿地监测及分析　黄河湿地有分布，罕见，为旅鸟或冬候鸟。

328. 苇 鹀

中文名称　苇鹀
拉丁学名　*Emberiza pallasi*
英文名称　Pallas's Reed Bunting
分类地位　雀形目鹀科
保护级别　三有

形态特征　体型较小，体长 13～14 cm。雄鸟头、喉和上胸中央黑色，具白色颈环，上体具灰色及黑色的横斑；下体乳白色。雌鸟为浅沙皮黄色，且头顶、上背、胸及两胁具深色纵纹。虹膜：深栗色；喙：灰黑色；脚：粉褐色。

生活习性　春季主要栖息于平原沼泽地和沿溪的芦苇中，秋冬栖息于低山、丘陵区和平原地带的灌丛、草地、芦苇沼泽和农田地区。繁殖期成对或单独活动，非繁殖期集小群活动。性活泼，常在草丛或灌丛中反复起落飞翔。主要以植物的种子、嫩芽等为食，兼食一些昆虫。

黄河湿地监测及分析　黄河湿地有分布，为旅鸟或冬候鸟。

◀ 苇鹀雄鸟 　（李长看　摄）

▲ 苇鹀冬羽 　（李艳霞　摄）

329. 红颈苇鹀

中文名称　红颈苇鹀
拉丁学名　*Emberiza yessoensis*
英文名称　Japanese Reed Bunting
分类地位　雀形目鹀科
保护级别　三有

形态特征　体长 13～15 cm。雄鸟头、喉黑色，腰及颈背栗色，具黑色纵纹；腹部皮黄色。雌鸟似雄鸟，但下体较少纵纹且色淡，颈背粉棕色，头顶及耳羽色较深。虹膜：深栗色；喙：近黑色；腿：近粉色。

生活习性　栖于芦苇地及有矮丛的沼泽地以及高地的湿润草甸，集小群活动。主要以植物的种子、嫩芽等为食，兼食一些昆虫。

黄河湿地监测及分析　黄河湿地有分布，偶见，为旅鸟或冬候鸟。

红颈苇鹀雄鸟（冬羽）　（蔺艳芳　摄）

红颈苇鹀雌鸟（冬羽）　（蔺艳芳　摄）

主要参考文献

[1] 郑光美.中国鸟类分类与分布名录[M].4版.北京：科学出版社，2023.

[2] 郑光美.世界鸟类分类与分布名录[M].2版.北京：科学出版社，2021.

[3] 李长看，李杰.国际重要湿地民权黄河故道湿地鸟类[M].郑州：河南科学技术出版社，2021.

[4] 王恒瑞，赵宗英.郑州黄河湿地鸟类[M].郑州：河南科学技术出版社，2017.

[5] 张斌强.三门峡黄河湿地鸟类[M].郑州：河南科学技术出版社，2012.

[6] 叶永忠，郭凌，李长看，等.河南黄河湿地国家级自然保护区科学考察集（洛阳段）[M].
郑州：河南科学技术出版社，2016.

[7] 张孚允，杨若莉.中国鸟类迁徙研究[M].北京：中国林业出版社，1997.

[8] 郑光美.鸟类学[M].北京：北京师范大学出版社，2012.

[9] 李长看，李杰，邓培渊，等.民权黄河故道鸟类湿地国家公园鸟类区系和多样性分析[J].河
南农业大学学报，2019.53（4）：591-600.

[10] 李长看，张艺凡，李杰，等.河南陈桥湿地青头潜鸭的繁殖生态研究[J].河南农业大学学
报，2020.59（2）：269-275.

[11] 李长看，赵海鹏，邓培渊，等.郑州黄河湿地省级自然保护区鸟类区系和多样性[J].河南大
学学报（自然科学版），2013.43（4）：416-422.

[12] 李长看，王文林，王恒瑞，等.郑州黄河湿地鸟类区系调查[J].河南农业大学学报，
2009.43（4）：426-431.

[13] 张艺凡，董睿龙，李杰，等.河南省域青头潜鸭的分布及种群变动[J].河南科学，
2020.38（11）：1768-1775.

[14] 姚孝宗，刘朝辉.洛阳鸟类彩色图鉴[M].北京：中国林业出版社，2023.

附 录

附录Ⅰ   黄河（河南段）湿地鸟类区系组成

种 类 Species	保护级别 Conservation class	数量等级 Abundance grade	居留类型 Resident or migrant	区系从属 Distribution realm	分布区域 Distribution area
一、鸡形目 Galliformes					
（一）雉科 Phasianidae					
1.石鸡 *Alectoris chukar*	三有	+	R	Pa	中游
2.鹌鹑 *Coturnix japonica*	三有	+	W/R	E	中游
3.环颈雉 *Phasianus colchicus*	三有	++	R	E	全域
4.红腹锦鸡 *Chrysolophus pictus*	Ⅱ	+	R	E	中游
二、雁形目 Anseriformes					
（二）鸭科 Anatidae					
5.鸿雁 *Anser cygnoides*	Ⅱ	+	W	E	全域
6.豆雁 *Anser fabalis*	三有	+++	W	E	全域
7.灰雁 *Anser anser*	三有	+	P/W	E	全域
8.白额雁 *Anser albifrons*	Ⅱ	+	P/W	E	全域
9.小白额雁 *Anser erythropus*	Ⅱ	+	P	E	全域
10.斑头雁 *Anser indicus*	三有	+	V	E	三/洛
11.雪雁 *Anser caerulescens*	三有	+	V	Pa	洛/郑
12.白颊黑雁 *Branta leucopsis*	三有	+	V	Pa	洛/郑/新
13.红胸黑雁 *Branta ruficollis*	Ⅱ	+	V	Pa	洛/郑/新
14.疣鼻天鹅 *Cygnus olor*	Ⅱ	+	W/R	E	三/郑
15.小天鹅 *Cygnus columbianus*	Ⅱ	+	P	E	全域
16.大天鹅 *Cygnus cygnus*	Ⅱ	++	W/P	Pa	全域
17.翘鼻麻鸭 *Tadorna tadorna*	三有	+	P	E	全域
18.赤麻鸭 *Tadorna ferruginea*	三有	++	W/R	E	全域
19.鸳鸯 *Aix galericulata*	Ⅱ	P/W/S		Pa	全域
20.棉凫 *Nettapus coromandelianus*	Ⅱ	+	P/S	O	洛/郑/新
21.赤膀鸭 *Mareca strepera*	三有	+	W	Pa	全域
22.罗纹鸭 *Mareca falcata*	三有	++	W/P	E	全域
23.赤颈鸭 *Mareca penelope*	三有	+	P/W	Pa	全域
24.绿头鸭 *Anas platyrhynchos*	三有	++	W/R	E	全域
25.斑嘴鸭 *Anas zonorhyncha*	三有	++	W/R	E	全域

种类 Species	保护级别 Conservation class	数量等级 Abundance grade	居留类型 Resident or migrant	区系从属 Distribution realm	分布区域 Distribution area
26.针尾鸭 *Anas acuta*	三有	+	W	E	全域
27.绿翅鸭 *Anas crecca*	三有	++	W	E	全域
28.琵嘴鸭 *Spatula clypeata*	三有	+	P/W	E	全域
29.白眉鸭 *Spatula querquedula*	三有	+	P/W	E	全域
30.花脸鸭 *Sibirionetta formosa*	Ⅱ	+	P/W	E	全域
31.赤嘴潜鸭 *Netta rufina*	三有	+	W	Pa	全域
32.红头潜鸭 *Aythya ferina*	三有	+	P/W	E	全域
33.青头潜鸭 *Aythya baeri*	Ⅰ	+	R/W	E	三/郑/新
34.白眼潜鸭 *Aythya nyroca*	三有	+	R/W	Pa	全域
35.凤头潜鸭 *Aythya fuligula*	三有	+	P/W	Pa	全域
36.斑背潜鸭 *Aythya marila*	三有	+	P/W	E	全域
37.斑脸海番鸭 *Melanitta stejnegeri*	三有	+	P/W	Pa	三/洛
38.长尾鸭 *Clangula hyemalis*	三有	+	P/W	Pa	三/洛/郑
39.鹊鸭 *Bucephala clangula*	三有	+	P/W	E	全域
40.斑头秋沙鸭 *Mergellus albellus*	Ⅱ	++	P/W	Pa	全域
41.普通秋沙鸭 *Mergus merganser*	三有	++	P/W	E	全域
42.红胸秋沙鸭 *Mergus serrator*	三有	+	P/W	E	全域
43.中华秋沙鸭 *Mergus squamatus*	Ⅰ	+	P	E	全域
三、䴙䴘目 Podicipediformes					
（三）䴙䴘科 Podicipedidae					
44.小䴙䴘 *Tachybaptus ruficollis*	三有	++	R	E	全域
45.凤头䴙䴘 *Podiceps cristatus*	三有	++	R/W	Pa	全域
46.角䴙䴘 *Podiceps auritus*	Ⅱ	+	P/W	Pa	全域
47.黑颈䴙䴘 *Podiceps nigricollis*	Ⅱ	+	P	Pa	全域
四、鸽形目 Columbiformes					
（四）鸠鸽科 Columbidae					
48.岩鸽 *Columba rupestris*	三有	++	R	Pa	中游
49.山斑鸠 *Streptopelia orientalis*	三有	++	R	E	全域
50.灰斑鸠 *Streptopelia decaocto*	三有	+	R	Pa	全域
51.火斑鸠 *Streptopelia tranquebarica*	三有	+	S	E	全域
52.珠颈斑鸠 *Spilopelia chinensis*	三有	++	R	E	全域
五、夜鹰目 Caprimulgiformes					
（五）夜鹰科 Caprimulgidae					
53.普通夜鹰 *Caprimulgus jotaka*	三有	+	S	E	全域
（六）雨燕科 Apodidae					
54.普通雨燕 *Apus apus*	三有	+	S	E	三
55.白腰雨燕 *Apus pacificus*	三有	+	S	E	三

种 类 Species	保护级别 Conservation class	数量等级 Abundance grade	居留类型 Resident or migrant	区系从属 Distribution realm	分布区域 Distribution area
六、鹃形目 Cuculiformes					
（七）杜鹃科 Cuculidae					
56. 小鸦鹃 *Centropus bengalensis*	Ⅱ	+	S	O	全域
57. 噪鹃 *Eudynamys scolopaceus*	三有	+	S	O	全域
58. 大鹰鹃 *Hierococcyx sparverioides*	三有	+	S	O	三
59. 四声杜鹃 *Cuculus micropterus*	三有	+	S	E	全域
60. 大杜鹃 *Cuculus canorus*	三有	+	S	E	全域
61. 红翅凤头鹃 *Clamator coromandus*	三有	+	S	E	全域
七、鸨形目 Otidiformes					
（八）鸨科 Otididae					
62. 大鸨 *Otis tarda*	Ⅰ	+	W	Pa	全域
八、鹤形目 Gruiformes					
（九）秧鸡科 Rallidae					
63. 西秧鸡 *Rallus aquaticus*	三有	+	P/W	E	洛/郑
64. 普通秧鸡 *Rallus indicus*	三有	+	W/P	E	全域
65. 小田鸡 *Zapornia pusilla*	三有	+	S	O	全域
66. 红胸田鸡 *Zapornia fusca*	三有	+	S	O	全域
67. 斑胁田鸡 *Zapornia paykullii*	Ⅱ	+	P/S	E	洛/郑
68. 红脚田鸡 *Zapornia akool*	三有	+	S	O	全域
69. 白胸苦恶鸟 *Amaurornis phoenicurus*	三有	+	S	O	全域
70. 董鸡 *Gallicrex cinerea*	三有	+	S	O	全域
71. 黑水鸡 *Gallinula chloropus*	三有	++	R	E	全域
72. 白骨顶 *Fulica atra*	三有	+++	W/R	E	全域
（十）鹤科 Gruidae					
73. 白鹤 *Leucogeranus leucogeranus*	Ⅰ	+	P	Pa	全域
74. 白枕鹤 *Antigone vipio*	Ⅰ	+	P/W	E	全域
75. 蓑羽鹤 *Grus virgo*	Ⅱ	+	V	E	孟
76. 灰鹤 *Grus grus*	Ⅱ	++	W	E	全域
77. 白头鹤 *Grus monacha*	Ⅰ	+	P/W	E	全域
九、鸻形目 Charadriiformes					
（十一）鹮嘴鹬科 Ibidorhynchidae					
78. 鹮嘴鹬 *Ibidorhyncha struthersii*	Ⅱ	+	R	Pa	三
（十二）反嘴鹬科 Recurvirostridae					
79. 黑翅长脚鹬 *Himantopus himantopus*	三有	++	S	E	全域
80. 反嘴鹬 *Recurvirostra avosetta*	三有	+	P/W	Pa	全域
（十三）鸻科 Charadriidae					
81. 凤头麦鸡 *Vanellus vanellus*	三有	+	P/W	Pa	全域

种 类 Species	保护级别 Conservation class	数量等级 Abundance grade	居留类型 Resident or migrant	区系从属 Distribution realm	分布区域 Distribution area
82. 灰头麦鸡 *Vanellus cinereus*	三有	+	S/R	O	全域
83. 金鸻 *Pluvialis fulva*	三有	+	P	E	全域
84. 灰鸻 *Pluvialis squatarola*	三有	+	P	Pa	全域
85. 长嘴剑鸻 *Charadrius placidus*	三有	+ +	W/P	Pa	全域
86. 金眶鸻 *Charadrius dubius*	三有	+	S	E	全域
87. 环颈鸻 *Charadrius alexandrinus*	三有	+	S/R	E	全域
88. 蒙古沙鸻 *Charadrius mongolus*	三有	+	P	E	全域
89. 铁嘴沙鸻 *Charadrius leschenaultii*	三有	+	P	E	全域
90. 东方鸻 *Charadrius veredus*	三有	+	P/S	E	全域
（十四）彩鹬科 Rostratulidae					
91. 彩鹬 *Rostratula benghalensis*	三有	+	S	E	全域
（十五）水雉科 Jacanidae					
92. 水雉 *Hydrophasianus chirurgus*	Ⅱ	+	S	E	全域
（十六）鹬科 Scolopacidae					
93. 丘鹬 *Scolopax rusticola*	三有	+	P/W	Pa	全域
94. 针尾沙锥 *Gallinago stenura*	三有	+ +	P	Pa	全域
95. 大沙锥 *Gallinago megala*	三有	+	P	Pa	全域
96. 扇尾沙锥 *Gallinago gallinago*	三有	+	W/P	E	全域
97. 半蹼鹬 *Limnodromus semipalmatus*	Ⅱ	+	P	E	全域
98. 黑尾塍鹬 *Limosa limosa*	三有	+	P	E	全域
99. 斑尾塍鹬 *Limosa lapponica*	三有	+	P	Pa	全域
100. 中杓鹬 *Numenius phaeopus*	三有	+	P	E	全域
101. 小杓鹬 *Numenius minutus*	Ⅱ	+	P	E	郑
102. 白腰杓鹬 *Numenius arquata*	Ⅱ	+	P	E	全域
103. 大杓鹬 *Numenius madagascariensis*	Ⅱ	+	P	E	全域
104. 鹤鹬 *Tringa erythropus*	三有	+	P/S	E	全域
105. 红脚鹬 *Tringa totanus*	三有	+	P	E	全域
106. 泽鹬 *Tringa stagnatilis*	三有	+	P	E	全域
107. 青脚鹬 *Tringa nebularia*	三有	+	P	Pa	全域
108. 白腰草鹬 *Tringa ochropus*	三有	+	W	Pa	全域
109. 林鹬 *Tringa glareola*	三有	+	P/S	E	全域
110. 翘嘴鹬 *Xenus cinereus*	三有	+	P	E	全域
111. 矶鹬 *Actitis hypoleucos*	三有	+	P/S	Pa	全域
112. 翻石鹬 *Arenaria interpres*	Ⅱ	+	P	E	全域
113. 红颈滨鹬 *Calidris ruficollis*	三有	+	P	E	全域
114. 青脚滨鹬 *Calidris temminckii*	三有	+	P	Pa	全域
115. 长趾滨鹬 *Calidris subminuta*	三有	+	P	Pa	全域

种　类 Species	保护级别 Conservation class	数量等级 Abundance grade	居留类型 Resident or migrant	区系从属 Distribution realm	分布区域 Distribution area
116.斑胸滨鹬 *Calidris melanotos*	三有	+	V	E	全域
117.流苏鹬 *Calidris pugnax*	三有	+	P	E	全域
118.弯嘴滨鹬 *Calidris ferruginea*	三有	++	P	Pa	全域
119.黑腹滨鹬 *Calidris alpina*	三有	+	W	Pa	全域
（十七）燕鸻科 Glareoliade					
120.普通燕鸻 *Glareola maldivarum*	三有	+	S/P	E	全域
（十八）鸥科 Laridae					
121.棕头鸥 *Chroicocephalus brunnicephalus*	三有	+	P/W	E	全域
122.红嘴鸥 *Chroicocephalus ridibundus*	三有	+	W	E	全域
123.渔鸥 *Ichthyaetus ichthyaetus*	三有	+	W	Pa	全域
124.普通海鸥 *Larus canus*	三有	+	W	E	全域
125.西伯利亚银鸥 *Larus vegae*	三有	++	W	Pa	全域
126.鸥嘴噪鸥 *Gelochelidon nilotica*	三有	+	S	E	全域
127.白额燕鸥 *Sternula albifrons*	三有	+	S	E	全域
128.普通燕鸥 *Sterna hirundo*	三有	++	S	E	全域
129.灰翅浮鸥 *Chlidonias hybrida*	三有	+	S	E	全域
130.白翅浮鸥 *Chlidonias leucopterus*	三有	+	S/P	E	全域
（十九）贼鸥科 Stercorariidae					
131.中贼鸥 *Stercorarius pomarinus*	三有	+	V	E	三
十、潜鸟目 Gaviiformes					
（二十）潜鸟科 Gaviidae					
132.黑喉潜鸟 *Gavia arctica*	三有	+	V	E	三
十一、鹳形目 Ciconiiformes					
（二十一）鹳科 Ciconiidae					
133.黑鹳 *Ciconia nigra*	I	+	W/R	E	全域
134.东方白鹳 *Ciconia boyciana*	I	+	P/W	Pa	全域
十二、鲣鸟目 Suliformes					
（二十二）鸬鹚科 Phalacrocoracidae					
135.普通鸬鹚 *Phalacrocorax carbo*	三有	++	W	E	全域
十三、鹈形目 Pelecaniformes					
（二十三）鹮科 Threskiornithidae					
136.白琵鹭 *Platalea leucorodia*	II	+	W	Pa	全域
（二十四）鹭科 Ardeidae					
137.大麻鳽 *Botaurus stellaris*	三有	+	P/W	E	全域
138.黄斑苇鳽 *Ixobrychus sinensis*	三有	+	S	E	全域
139.紫背苇鳽 *Ixobrychus eurhythmus*	三有	+	S	E	郑
140.栗苇鳽 *Ixobrychus cinnamomeus*	三有	+	S	E	分全域

种 类 Species	保护级别 Conservation class	数量等级 Abundance grade	居留类型 Resident or migrant	区系从属 Distribution realm	分布区域 Distribution area
141.夜鹭 *Nycticorax nycticorax*	三有	++	S/R	E	全域
142.绿鹭 *Butorides striata*	三有	+	S	E	郑
143.池鹭 *Ardeola bacchus*	三有	+	S	E	全域
144.牛背鹭 *Bubulcus coromandus*	三有	+	S	E	全域
145.苍鹭 *Ardea cinerea*	三有	++	R	E	全域
146.草鹭 *Ardea purpurea*	三有	+	S	E	全域
147.大白鹭 *Ardea alba*	三有	++	R/S	E	全域
148.中白鹭 *Ardea intermedia*	三有	+	S	E	全域
149.白鹭 *Egretta garzetta*	三有	++	S/R	E	全域
（二十五）鹈鹕科 Pelecaniade					
150.卷羽鹈鹕 *Pelecanus crispus*	I	+	P/W	Pa	全域
十四、鹰形目 Accipitriformes					
（二十六）鹗科 Pandionidae					
151.鹗 *Pandion haliaetus*	II	+	P/S	Pa	全域
（二十七）鹰科 Accipitridae					
152.黑翅鸢 *Elanus caeruleus*	II	+	R	O	全域
153.黑冠鹃隼 *Aviceda leuphotes*	II	+	R	O	三
154.秃鹫 *Aegypius monachus*	I	+	P	Pa	郑
155.短趾雕 *Circaetus gallicus*	II	+	P	Pa	三
156.草原雕 *Aquila nipalensis*	I	+	P	Pa	三
157.乌雕 *Clanga clanga*	I	+	P	Pa	三/洛
158.白肩雕 *Aquila heliaca*	I	+	P	Pa	三/洛
159.金雕 *Aquila chrysaetos*	I	+	R	Pa	中游
160.赤腹鹰 *Accipiter soloensis*	II	+	S	E	中游
161.日本松雀鹰 *Accipiter gularis*	II	+	W/P	E	全域
162.松雀鹰 *Accipiter virgatus*	II	+	R	E	全域
163.雀鹰 *Accipiter nisus*	II	+	P/W	Pa	全域
164.苍鹰 *Accipiter gentilis*	II	+	P	E	中游
165.白腹鹞 *Circus spilonotus*	II	+	P	Pa	全域
166.白尾鹞 *Circus cyaneus*	II	+	W	Pa	全域
167.鹊鹞 *Circus melanoleucos*	II	+	W	E	全域
168.凤头蜂鹰 *Pernis ptilorhynchus*	II	+	P	E	全域
169.黑鸢 *Milvus migrans*	II	+	P/W	E	全域
170.白尾海雕 *Haliaeetus albicilla*	I	+	P/W	Pa	三/洛/郑
171.玉带海雕 *Haliaeetus leucoryphus*	I	+	P	Pa	三/洛/郑
172.灰脸鵟鹰 *Butastur indicus*	II	+	P	O	中游
173.毛脚鵟 *Buteo lagopus*	II	+	P	Pa	郑

种 类 Species	保护级别 Conservation class	数量等级 Abundance grade	居留类型 Resident or migrant	区系从属 Distribution realm	分布区域 Distribution area
174.大鵟 *Buteo hemilasius*	Ⅱ	+	W	Pa	全域
175.普通鵟 *Buteo japonicus*	Ⅱ	+	W/P	Pa	全域
十五、鸮形目 Strigiformes					
（二十八）鸱鸮科 Strigidae					
176.领角鸮 *Otus lettia*	Ⅱ	+	R	E	全域
177.红角鸮 *Otus sunia*	Ⅱ	+	S	E	全域
178.雕鸮 *Bubo bubo*	Ⅱ	+	R	E	中游
179.斑头鸺鹠 *Glaucidium cuculoides*	Ⅱ	+	R	O	全域
180.纵纹腹小鸮 *Athene noctua*	Ⅱ	+	R	Pa	全域
181.长耳鸮 *Asio otus*	Ⅱ	+	W	E	全域
182.短耳鸮 *Asio flammeus*	Ⅱ	+	W	E	全域
十六、犀鸟目 Bucerotiformes					
（二十九）戴胜科 Upupidae					
183.戴胜 *Upupa epops*	三有	+	R	E	全域
十七、佛法僧目 Coraciiformes					
（三十）翠鸟科 Alcedinidae					
184.蓝翡翠 *Halcyon pileata*	三有	+	S	E	全域
185.普通翠鸟 *Alcedo atthis*	三有	+	R	E	全域
186.冠鱼狗 *Megaceryle lugubris*	三有	+ +	R	E	全域
187.斑鱼狗 *Ceryle rudis*	三有	+	R	E	全域
十八、啄木鸟目 Piciformes					
（三十一）啄木鸟科 Picidae					
188.蚁䴕 *Jynx torquilla*	三有	+	P	E	三/郑
189.斑姬啄木鸟 *Picumnus innominatus*	三有	+	R	O	全域
190.棕腹啄木鸟 *Dendrocopos hyperythrus*	三有	+	W/P	E	全域
191.星头啄木鸟 *Picoides canicapillus*	三有	+	R	E	全域
192.大斑啄木鸟 *Dendrocopos major*	三有	+	R	E	全域
193.灰头绿啄木鸟 *Picus canus*	三有	+	R	E	全域
十九、隼形目 Falconiformes					
（三十二）隼科 Falconidae					
194.黄爪隼 *Falco naumanni*	Ⅱ	+	P/S	Pa	全域
195.红隼 *Falco tinnunculus*	Ⅱ	+	R	E	全域
196.红脚隼 *Falco amurensis*	Ⅱ	+	P/R	Pa	全域
197.灰背隼 *Falco columbarius*	Ⅱ	+	P	Pa	全域
198.燕隼 *Falco subbuteo*	Ⅱ	+	S	Pa	全域
199.猎隼 *Falco cherrug*	Ⅰ	+	P/W	Pa	全域
200.游隼 *Falco peregrinus*	Ⅱ	+	W	E	分全域

种 类 Species	保护级别 Conservation class	数量等级 Abundance grade	居留类型 Resident or migrant	区系从属 Distribution realm	分布区域 Distribution area
二十、雀形目 Passeriformes					
（三十三）黄鹂科 Oriolidae					
201.黑枕黄鹂 Oriolus chinensis	三有	+	S	E	全域
（三十四）山椒鸟科 Campephagidae					
202.暗灰鹃鵙 Lalage melaschistos	三有	+	S	O	全域
203.灰山椒鸟 Pericrocotus divaricatus	三有	+	P	E	全域
204.小灰山椒鸟 Pericrocotus cantonensis	三有	+	S	E	中游
205.长尾山椒鸟 Pericrocotus ethologus	三有	+	S	E	三
（三十五）卷尾科 Dicruridae					
206.黑卷尾 Dicrurus macrocercus	三有	+	S	E	全域
207.发冠卷尾 Dicrurus hottentottus	三有	+	S	E	全域
208.灰卷尾 Dicrurus leucophaeus	三有	+	S	O	全域
（三十六）王鹟科 Monarchidae					
209.寿带 Terpsiphone incei	三有	+	S	O	全域
（三十七）伯劳科 Laniidae					
210.虎纹伯劳 Lanius tigrinus	三有	+	S	Pa	全域
211.牛头伯劳 Lanius bucephalus	三有	+	P	E	全域
212.红尾伯劳 Lanius cristatus	三有	+	S	E	全域
213.棕背伯劳 Lanius schach	三有	+	R	O	全域
214.楔尾伯劳 Lanius sphenocercus	三有	+	W	E	全域
（三十八）鸦科 Corvidae					
215.灰喜鹊 Cyanopica cyanus	三有	+++	R	Pa	全域
216.红嘴蓝鹊 Urocissa erythrorhyncha	三有	+	R	E	中游
217.喜鹊 Pica serica	三有	+++	R	E	全域
218.红嘴山鸦 Pyrrhocorax pyrrhocorax	三有	+	R	Pa	中游
219.星鸦 Nucifraga caryocatactes	三有	+	R	E	中游
220.达乌里寒鸦 Corvus dauuricus	三有	+	R	E	全域
221.秃鼻乌鸦 Corvus frugilegus	三有	++	R	E	全域
222.小嘴乌鸦 Corvus corone	三有	++	R	E	全域
223.大嘴乌鸦 Corvus macrorhynchos	三有	++	R	E	全域
（三十九）山雀科 Paridae					
224.大山雀 Parus minor	三有	+	R	E	全域
225.煤山雀 Periparus ater	三有	+	R	Pa	全域
226.黄腹山雀 Pardaliparus venustulus	三有	+	R	O	全域
227.绿背山雀 Parus monticolus	三有	+	R	O	中游
（四十）攀雀科 Remizidae					
228.中华攀雀 Remiz consobrinus	三有	+	W/P	E	全域

种类 Species	保护级别 Conservation class	数量等级 Abundance grade	居留类型 Resident or migrant	区系从属 Distribution realm	分布区域 Distribution area
（四十一）百灵科 Alaudidae					
229. 短趾百灵 *Alaudala cheleensis*	三有	+	R	Pa	全域
230. 凤头百灵 *Galerida cristata*	三有	+	R	Pa	全域
231. 云雀 *Alauda arvensis*	Ⅱ	+	W	E	全域
232. 小云雀 *Alauda gulgula*	三有	+	R	O	全域
（四十二）扇尾莺科 Cisticolidae					
233. 棕扇尾莺 *Cisticola juncidis*	三有	+	S	E	全域
234. 山鹪莺 *Prinia striata*	三有	+	R	O	三
235. 纯色山鹪莺 *Prinia inornata*	三有	+	R	O	全域
（四十三）苇莺科 Acrocephalidae					
236. 东方大苇莺 *Acrocephalus orientalis*	三有	+	S	E	全域
237. 黑眉苇莺 *Acrocephalus bistrigiceps*	三有	+	S	Pa	全域
238. 钝翅苇莺 *Acrocephalus concinens*	三有	+	S	E	三
239. 厚嘴苇莺 *Arundinax aedon*	三有	+	P/S	E	三/郑
（四十四）燕科 Hirundinidae					
240. 家燕 *Hirundo rustica*	三有	++	S	E	全域
241. 金腰燕 *Cecropis daurica*	三有	+	S	E	全域
242. 崖沙燕 *Riparia riparia*	三有	+	S	E	全域
243. 岩燕 *Ptyonoprogne rupestris*	三有	+	S	E	三
（四十五）鹎科 Pycnonotidae					
244. 白头鹎 *Pycnonotus sinensis*	三有	++	R	O	全域
245. 领雀嘴鹎 *Spizixos semitorques*	三有	+	R	O	全域
246. 黄臀鹎 *Pycnonotus xanthorrhous*	三有	+	R	O	全域
247. 绿翅短脚鹎 *Ixos mcclellandii*	三有	+	R	O	中游
（四十六）柳莺科 Phylloscopidae					
248. 冠纹柳莺 *Phylloscopus claudiae*	三有	+	S	Pa	全域
249. 黄腰柳莺 *Phylloscopus proregulus*	三有	+	P/S	E	全域
250. 黄眉柳莺 *Phylloscopus inornatus*	三有	+	P/S	E	全域
251. 棕腹柳莺 *Phylloscopus subaffinis*	三有	+	S	O	三
252. 褐柳莺 *Phylloscopus fuscatus*	三有	+	P/S	Pa	三
253. 极北柳莺 *Phylloscopus borealis*	三有	+	P	Pa	三
（四十七）树莺科 Scotocercidae					
254. 强脚树莺 *Horornis fortipes*	三有	+	S	O	全域
（四十八）长尾山雀科 Aegithalidae					
255. 银喉长尾山雀 *Aegithalos glaucogularis*	三有	+	R	Pa	全域
256. 红头长尾山雀 *Aegithalos concinnus*	三有	+	R	O	全域
（四十九）莺鹛科 Sylviidae					

种 类 Species	保护级别 Conservation class	数量等级 Abundance grade	居留类型 Resident or migrant	区系从属 Distribution realm	分布区域 Distribution area
257.山鹛 *Rhopophilus pekinensis*	三有	+	R	Pa	中游
258.棕头鸦雀 *Sinosuthora webbiana*	三有	+	R	E	全域
259.震旦鸦雀 *Paradoxornis heudei*	Ⅱ	+	R	E	洛/郑/新
（五十）绣眼鸟科 Zosteropidae					
260.暗绿绣眼鸟 *Zosterops simplex*	三有	+	S	O	全域
261.红胁绣眼鸟 *Zosterops erythropleurus*	Ⅱ	+	P/S	E	三
（五十一）噪鹛科 Leiothrichidae					
262.画眉 *Garrulax canorus*	Ⅱ	+	R	O	全域
263.黑脸噪鹛 *Pterorhinus perspicillatus*	三有	+	R	O	全域
264.山噪鹛 *Pterorhinus davidi*	三有	+	R	Pa	中游
（五十二）林鹛科 Timaliidae					
265.棕颈钩嘴鹛 *Pomatorhinus ruficollis*	三有	+	R	O	中游
（五十三）䴓科 Sittidae					
266.红翅旋壁雀 *Tichodroma muraria*	三有	+	W	Pa	中游
（五十四）鹪鹩科 Troglodytidae					
267.鹪鹩 *Troglodytes troglodytes*	三有	+	W/R	Pa	中游
（五十五）椋鸟科 Sturnidae					
268.八哥 *Acridotheres cristatellus*	三有	+	R	O	全域
269.丝光椋鸟 *Spodiopsar sericeus*	三有	+	P/S	O	全域
270.灰椋鸟 *Spodiopsar cineraceus*	三有	+	R/W	E	全域
271.北椋鸟 *Agropsar sturninus*	三有	+	P	E	中游
272.紫翅椋鸟 *Sturnus vulgaris*	三有	+	P/W	E	中游
（五十六）鸫科 Turdidae					
273.灰背鸫 *Turdus hortulorum*	三有	+	P	E	全域
274.乌灰鸫 *Turdus cardis*	三有	+	P	Pa	全域
275.乌鸫 *Turdus mandarinus*	三有	+	R	E	全域
276.黑喉鸫 *Turdus atrogularis*	三有	+	P	E	郑
277.斑鸫 *Turdus eunomus*	三有	+	W	E	全域
278.红尾斑鸫 *Turdus naumanni*	三有	+	W	E	全域
（五十七）鹟科 Muscicapidae					
279.红喉歌鸲 *Calliope calliope*	Ⅱ	+	P/S	Pa	全域
280.蓝喉歌鸲 *Luscinia svecica*	Ⅱ	+	P/S	Pa	全域
281.鹊鸲 *Copsychus saularis*	三有	+	R	O	全域
282.红胁蓝尾鸲 *Tarsiger cyanurus*	三有	+	R/P	E	全域
283.赭红尾鸲 *Phoenicurus ochruros*	三有	+	R	E	中游
284.黑喉红尾鸲 *Phoenicurus hodgsoni*	三有	+	W	E	全域
285.北红尾鸲 *Phoenicurus auroreus*	三有	+	R	Pa	全域

种 类 Species	保护级别 Conservation class	数量等级 Abundance grade	居留类型 Resident or migrant	区系从属 Distribution realm	分布区域 Distribution area
286. 红腹红尾鸲 *Phoenicurus erythrogastrus*	三有	+	R	Pa	中游
287. 红尾水鸲 *Phonenicurus fuliginosus*	三有	+	R	E	全域
288. 红喉姬鹟 *Ficedula albicilla*	三有	+	P/S	E	中游
289. 黑喉石䳭 *Saxicola maurus*	三有	+	P/S	Pa	全域
290. 白顶䳭 *Oenanthe pleschanka*	三有	+	P	Pa	全域
291. 北灰鹟 *Muscicapa dauurica*	三有	+	P/S	E	全域
292. 白眉姬鹟 *Ficedula zanthopygia*	三有	+	S	E	全域
（五十八）戴菊科 Regulidae					
293. 戴菊 *Regulus regulus*	三有	+	P/W	E	中游
（五十九）太平鸟科 Bombycillidae					
294. 太平鸟 *Bombycilla garrulus*	三有	+	W	Pa	中游
295. 小太平鸟 *Bombycilla japonica*	三有	+	W	Pa	中游
（六十）梅花雀科 Estrildidae					
296. 白腰文鸟 *Lonchura striata*	三有	+	R	O	全域
297. 斑文鸟 *Lonchura punctulata*	三有	+	R	O	全域
（六十一）雀科 Passeridae					
298. 麻雀 *Passer montanus*	三有	+++	R	E	全域
299. 山麻雀 *Passer cinnamomeus*	三有	++	S	E	全域
（六十二）鹡鸰科 Motacillidae					
300. 黄鹡鸰 *Motacilla tschutschensis*	三有	+	P	Pa	全域
301. 黄头鹡鸰 *Motacilla citreola*	三有	+	P	E	全域
302. 白鹡鸰 *Motacilla alba*	三有	+	S/R	E	全域
303. 灰鹡鸰 *Motacilla cinerea*	三有	+	S	E	全域
304. 山鹡鸰 *Dendronanthus indicus*	三有	+	S	E	全域
305. 树鹨 *Anthus hodgsoni*	三有	+	S/R	Pa	全域
306. 粉红胸鹨 *Anthus roseatus*	三有	+	S	Pa	全域
307. 红喉鹨 *Anthus cervinus*	三有	+	P	Pa	全域
308. 水鹨 *Anthus spinoletta*	三有	+	P/W	Pa	全域
309. 黄腹鹨 *Anthus rubescens*	三有	+	P/W	Pa	全域
310. 田鹨 *Anthus richardi*	三有	+	S/P	E	全域
（六十三）燕雀科 Fringillidae					
311. 燕雀 *Fringilla montifringilla*	三有	+	P/W	E	全域
312. 黑尾蜡嘴雀 *Eophona migratoria*	三有	+	W/R	E	全域
313. 黑头蜡嘴雀 *Eophona personata*	三有	+	P/W	Pa	全域
314. 普通朱雀 *Carpodacus erythrinus*	三有	+	P	Pa	中游
315. 北朱雀 *Carpodacus roseus*	II	+	W	Pa	中游
316. 金翅雀 *Chloris sinica*	三有	+	R	E	全域

种类 Species	保护级别 Conservation class	数量等级 Abundance grade	居留类型 Resident or migrant	区系从属 Distribution realm	分布区域 Distribution area
317.白腰朱顶雀 *Acanthis flammea*	三有	+	W	Pa	洛/郑
318.黄雀 *Spinus spinus*	三有	+	W	Pa	全域
（六十四）鹀科 Emberizidae					
319.三道眉草鹀 *Emberiza cioides*	三有	+	R	E	全域
320.白眉鹀 *Emberiza tristrami*	三有	+	P/W	E	全域
321.灰头鹀 *Emberiza spodocephala*	三有	+	P	Pa	全域
322.黄喉鹀 *Emberiza elegans*	三有	+	P/W	E	全域
323.黄胸鹀 *Emberiza aureola*	I	+	P	Pa	全域
324.黄眉鹀 *Emberiza chrysophrys*	三有	+	P/W	Pa	全域
325.小鹀 *Emberiza pusilla*	三有	+	P/W	Pa	全域
326.田鹀 *Emberiza rustica*	三有	+	W	Pa	全域
327.栗鹀 *Emberiza rutila*	三有	+	P/W	E	全域
328.苇鹀 *Emberiza pallasi*	三有	+	P/W	Pa	全域
329.红颈苇鹀 *Emberiza yessoensis*	三有	+	P/W	E	洛/郑

注:
1.**保护级别**: Ⅰ, 即国家一级保护; Ⅱ, 即国家二级保护。
2.**数量等级**: +++优势种; ++普通种; +稀有种。
3.**居留类型**: R留鸟; P旅鸟; S夏候鸟; W冬候鸟; V迷鸟; R/S 以留鸟为主, 部分为夏候鸟; R/W 以留鸟为主, 部分为冬候鸟; W/R 以冬候鸟为主, 部分为留鸟; W/P 冬候鸟为主, 部分为旅鸟; S/P 夏候鸟为主, 部分为旅鸟; P/W 旅鸟为主, 部分为冬候鸟; P/S 旅鸟为主, 部分为夏候鸟; P/R 旅鸟为主, 部分为留鸟; P/V 旅鸟为主, 部分为迷鸟。
4.**区系从属**: E广布种; Pa古北种; O东洋种。
5.**分布区域**: 全域(黄河从豫陕交界至豫鲁交界); 中游(黄河从豫陕交界至郑州桃花峪); 下游(黄河从郑州桃花峪至豫鲁交界); 局域分布如: 三(三门峡), 洛(洛阳), 郑(郑州), 开(开封), 新(新乡), 濮(濮阳)等。

附录 II 中文名称索引

附录Ⅲ　拉丁学名索引